一本帮你摆脱过去“智商宿命论”的心灵读本
一本让你借由改变情商而改变命运的自助宝典

一本书读懂
情商

梁革兵◎著

U0838339

中国商业出版社

图书在版编目（CIP）数据

一本书读懂情商／梁革兵著．—北京：中国商业出版社，2013．7
ISBN 978－7－5044－8137－5

Ⅰ．①一…　Ⅱ．①梁…　Ⅲ．①情商－通俗读物　Ⅳ．①B842．6－49

中国版本图书馆CIP数据核字（2013）第123402号

责任编辑：张振学

中国商业出版社出版发行
010－63180647　www．c－cbook．com
（100053　北京广安门内报国寺1号）
新华书店总店北京发行所经销
北京毅峰迅捷印刷有限公司
*
710×1000毫米　16开　16印张　200千字
2013年8月第1版　2013年8月第1次印刷
定价：32．00元
*　*　*　*
（如有印装质量问题可更换）

前言 PREFACE

为什么有的人能一呼百应，有的人却经常孤立无援？

为什么有的人能登上成功的殿堂，而有的人终生苦苦挣扎却无甚建树？

为什么有的人看起来幸福美满，而有的人相对富足却常常抱怨生活不公？

为什么有的人脑瓜聪明却屡遭挫败，而有的人看上去没什么突出技能或素质却往往大放异彩？

答案往往都与一个概念有关，那就是——“情商”这种了解和控制自身与他人情感的方式，可以让你把握说话做事的分寸，去促成想看到的结果。没有它，你就只能落于人后，一身本事无处发挥，甚至被埋没，早早退出历史舞台。

时至今日，“情商”一词对我们来说应该是一点也不陌生了，报刊、杂志、书籍、网络、电视等等我们所能接触到的媒体上都有人们在谈论，但遗憾的是，它始终没能使更多人受益。原因就在于很多人并没有深入挖掘并研究这个术语的实际意义。毕竟，更多的人都是在孜孜不倦地追求着渊博的学识、丰富的阅历、超群的智慧和良好的教育，从而实现自我提升——这并不是坏事儿，然而前提却是：我们敢打包票自称已经足够了解自己和他人的情感，并且清楚这些情感如何对我们的日常生活产生最根本的影响。

正因如此，《一本书读懂情商》会对你大有裨益。通过了解情商的本质，破解其在生活中运用的窍门并从内到外地开发自己的情商，我们即可在多年积累的智力、教育、经历这三者间获取平衡。如果你正身处职场，阅读本书可以让你变得更加卓越高效；如果你正处于恋爱中，阅读本书可以让你得到进入恋人的心灵的钥匙；如果你正在为处理家庭和婚姻关系而烦恼不已，阅读本书可以让你明白如何为情感疗伤；如果你已为人父母，阅读本书还可以让你把高情商“传”给下一代……

而且，本书不会给你高深的大理论，而是将实战性、技巧性、知识性、可读性和趣味性等融为一体，会让你在读懂情商的同时，享受到情商带给你的变化，让你在今后的日子里，无论身处何种人生场景之中，都能如鱼得水、游刃有余。

无论你是一个对情商已有常年的思考的人，还是一个对情商一无所知的人，我都衷心的希望这本书能扭转你对成功的看法，改变你的生活。你或许还会手不释卷，反复阅读呢。

目录 CONTENTS

上篇 情商的秘密：不做聪明的“傻子”

第一章 另一种智慧——你不得不懂的情商

第二章 聪明还不够——情商比智商更重要

第三章　认识你自己——衡量一下自己的情商

中篇

情商的力量：你的命运掌握在情商手中

第四章　职场用情商——卓越高效

第五章　婚恋用情商——幸福甜蜜

第六章 社交用情商——高情商是社交“入场券”

下篇
情商的开发：高情商是这样炼成的

第七章 心态修炼——解救被情绪绑架的理智

上篇 情商的秘密：不做聪明的“傻子”

第一章 另一种智慧——你不得不懂的情商

1995年，心理学家兼《纽约时报》科学专栏作家丹尼尔·戈尔曼（Daniel Goleman）的《EQ》一书出版后，情商这个概念得到了普及和广泛认可。从此，“EQ”一词走出心理学的学术圈，而成为人人朗朗上口的日常生活用语，全世界掀起了一股EQ热潮。如果你还不懂情商，不懂得运用情商，那么，你就落伍了。

EQ

情商到底是个什么东西

情商概念的出现，促使人们重新思考什么是人生成功的要素。

——丹尼尔·戈尔曼

一时间，似乎人人都在说情商，那么情商到底是个什么东西呢？

如果你非要一个准确定义的话，我只能说“抱歉”了。因为科学理论告诉我们，一个可以定义的概念是必须有衡量标准的，而至今，却没有一份具体的试卷可以准确测试一个人的情商。

但是，这并不妨碍你读懂“情商”，正如人类本质上具备很多的美德，如善良、同情心、智慧等一样，即使没有确切的衡量标准，也丝毫不会减弱它们积极改善生活品质的价值。而情商正是这些品质运用的结果。

你可以把情商理解为：

一种管理情绪的艺术

情商（EQ），是Emotional Quotient的缩写，翻译过来就是情绪智慧。哈佛学者就一直认为，情商是一种管理情绪的艺术。

美国一位来自伊利诺州的议员康农在最初任职时就遭到另一位代表的嘲笑：“这位先生口袋里恐怕还装着燕麦呢！”

这句话其实是讽刺他还没有摆脱农夫的气息。虽然这种嘲笑让康农十分难堪，但他仍从容地答道：“我不仅在口袋里装有燕麦，而且我的头发里还藏着草屑。我是西部人，难免有些乡村气，可我们的燕麦和草屑，却能长出最好的苗来。”

康农并没有恼羞成怒，而是很好地控制住了情绪，还就着这个人的话“顺水推舟”作了绝妙地回应。这样不仅自身没有受到损失，反而让他闻名全国，被人们誉为“伊利诺州最好的草屑议员”。

康农议员无疑就是一个高情商的人，他的言行也无疑是对情商最好的诠释。当然，情商不仅仅是管理自我情绪，也管理他人情绪。

可以说，情商就是一种情绪管理的能力。情商高，代表着情感管理的能力强，人际关系和社会适应力也比较好；情商低，就代表一个人常常会陷入大悲大喜之中，因为忧郁而一事无成，或者是脾气暴躁无常，常出现暴力行为，相对地人际关系就容易紧张，社会适应力也较差。

一种“综合软技能”

1995年，美国哈佛大学心理学教授丹尼尔•戈尔曼将情商概括为五个方面的能力：即认识自身情绪的能力；妥善管理情绪的能力；自我激励的能力；认知他人情绪的能力；人际关系的管理能力。而这五大内容均属于软技能。

刚刚毕业的吉姆，去一家IT企业参加面试。由于他有很高的学识和技术资格，初试的时候，他只是简单地确认了一下专业能力就通过了。

复试的时候，吉姆也是信心十足，虽然他还没有什么工作经验，但是在学校成绩一直都是得A的他，相信自己的资格价值“会为他说话的”。不过，复试的面试官却并没有问他的IT技术，而是对他怎样度过业余时间、怎么度假、是否参加一些志愿活动更感兴趣。面试官还让吉姆回答以下问题：想想过去两年在个人处境遇到困难时，他是怎么去解决的；设想一下“如果你没有得到这份工作，你会做什么”；说出自己榜样的名字，如特别崇拜的哪个公众人物或是体育名人等等。在某种程度上，面试官似乎故意要问吉姆一两个尖锐的问题来惹他生气。面试官问吉姆如果碰到一个难缠的客户，他会怎么去处理，达到最好的效果。

吉姆不知道这些问题跟他的IT技能有什么关系，在这次面试中有点受挫。不过，幸运的是，吉姆得到了反馈，知道了对一个组织来说，自我意识和自我成长比简单地再考一次试更有意义。虽然他没有得到所应聘的职位，但公司向他推荐了另外一个职位，在这个职位上他有机会学到IT经验以外的技能。吉姆从中建立了一些自信。他的公司愿意在他身上投资，因为企业看到他们所需的硬技能和软技能，他会是公司的一个长期资产。

其实，吉姆的缺点之一就是缺乏发现面试官想要考察什么的能力。他的硬技能已经足够了（初试已经证明了），面试官这次看的是吉姆的"软技能"，他在考吉姆的情商。

竞争力越来越激烈的21世纪，硬技能已经开始不够用了，企业会要求员工有高等级的"软技能"，如：与他人融洽相处的能力；有效地领导团队的能力；自我成长及促进他人的进步的能力；面对困难依然保持活力的能力；积极处理批评和困境的能力；在危机中保持冷静的能力；做决定时，有理解和接受他人有效观点的能力等等，统统可以归于情商。

一种非同寻常的人际交往技能

情绪情感无时无刻不渗透在我们的行为当中，也时刻影响着人与人之间的交流。从这个意义上，情商也可以说是一种与他人相处的能力。

美国有这样一个人：他叫泰德·卡因斯基，他16岁就进入哈佛，20岁毕业后，又在密歇安大学获数学硕士、博士学位，接着，又到世界第一流的加州大学伯克利分校数学系任教。然而，就是这样一个智力超群的人，却从未培养自己的社会交际技能和情商。整个中学时期同学几乎见不到他的影子，在大学里他也从不同任何人交往，更不能与人建立长久关系。因此，人们送卡因斯基一个绰号——"哈佛隐士"。

结果是：卡因斯基在制造炸弹方面有特殊才智，但他在社交方面却是低能儿，因长期压抑而导致心理异常。他不但对社会没有做出贡献，却用自己研制的炸弹杀死了3人，伤了22人，给社会带来极大危害。

这就是缺乏人际交往能力的后果，著名成功学家卡耐基先生说：一个人的成功取决于20%的专业能力和80%的人际关系。足见人际交往能力的重要。而他所说“20%的专业技能”主要靠智商来获取，“80%的人际关系”却是靠情商获得。

一种获得成功的重要因素

在情商出现之前，人们一直将智商看做人生成败的决定因素。但是，众多实例和实验向我们证明：成功的人往往不是因为他们的智商有多么高，而是因为他们的心智那么的成熟。而这个“心智”说的就是情商。

有一个叫威廉·宾德的人，他从一出生，就被父亲用尽各种办法开发智力。宾德3岁时，就能用本国语言自由阅读和书写；4岁时，他写出了3篇500字的文章；6岁时，他写出了一篇解剖学论文。小学入学的当天上午，宾德被编入一年级，等中午母亲去接他时，他已经成了三年级的学生了。他8岁上中学，11岁进入哈佛大学。

不难看出，宾德的智商的确很高。但是，他后来却选择了离家出走，在一家商店当店员，一生碌碌无为。

其实类似的例子，古今中外数不胜数。这就是高智商低情商人物的悲哀，或许他们本来可能会取得更加卓越的成就，但因为情商不高，最终令人扼腕叹息。可以说，如果说智商更多地被用来预测一个人的学业成绩的话，那么，情商则能被用于预测一个人能否取得事业上的成功。

综上所述，情商其实就是人的情感和社会技能，包括智力因素以外的一切内容，是一种影响个人健康、情感、人际关系及人生成功的重要因素，所以，读懂情商，进而培养情商，正是我们必须正视的课题。当你真正掌握了情商时，情商就会带给你意想不到的奇迹。

高情商VS低情商

情商意味着：有足够的勇气面对可以克服的挑战，有足够的度量接受不可克服的挑战，有足够的智慧来分辨两者的不同。

——李开复

既然情商水平的高低不像智力水平那样，暂时还无法用测验分数较准确地表示出来，那么我们是怎么来判断一个人的情商是高还是低的呢？

丹尼尔•戈尔曼在《EQ》一书中说道：“情商高者，能清醒了解并把握自己的情感，敏锐感受并有效反馈他人情绪变化的人，在生活各个层面都占尽优势。”具体说来，就是可以从以下五个方面的能力来衡量：

认识自身情绪的能力

低情商和高情商对情绪的自我觉察与认识是大不相同的，有专家认为情商的高低正是从自我情绪的觉察开始的。

某一天，董事长和太太吵架了。他来到公司后，心情仍然不好，于是找了个理由把销售部经理批评了一顿；销售部经理被批评后，心里很不舒服，于是把自己的秘书叫过来骂了一通；秘书当然心里也很难过，但没有发泄情绪的对象，当她回到家后，看到自己儿子在玩，心情不好的她以儿子不好好学习为由，把儿子狠狠批评了一通；儿子觉得妈妈今天莫名其妙，也很生气，回到自己房间，看到猫在那里“喵喵”叫，于是一脚把这只猫踢到门外。

很明显，这一连串的人都没能了解自己的情绪，自然无法有效地进行控制和调节，那就只能无助的听任情绪摆布了，而这正是低情商的表现。而高情商者往往能有效地觉察出自己的情绪状态，理解情绪所传达的意义，找出某种情绪和心境产生的原因，并对自我情绪作出必要恰当的调节，始终保持良好的情绪状态。

妥善管理情绪的能力

人人都有情绪，情绪若随着境遇作相应的波动，是正常又合乎人性的。若情绪太极端化或长时间持续地僵化，而你不能掌握调节情绪的方式，便很容易被情绪所困扰，不但事业不能成功，连正常的生活和工作也可能受影响。高情商者都善于控制自己的情绪，能抑制感情的冲动，克制急切的欲望，及时化解和排除不良情绪，使自己始终保持良好的心境。

比如，听到下属报告的坏消息，高情商者知道就是再歇斯底里地咆哮也是无济于事的，因此，他们往往会选择冷静理智、处变不惊、沉着应对，反而会提升威信、魅力和影响力。而低情商者或许不等下属说完，就会立即打断下属的陈述“不要再啰嗦了！”甚至暴跳如雷，有些人在情绪过去之后会有感觉，认为自己不该发火，不该过激等，但为时已晚，已经于事无补。

自我激励的能力

人生不如意事十常八九。低情商的人一向都是消极的，悲观的，而高情商的人都有积极乐观的心态。

有一位银行家51岁时，他拥有的财富高达数百万美元，而到52岁时，他不仅失去了所有的财富，而且背上了一大堆债务。面临巨大打击，相信很多人都会变得颓废、悲观、绝望，但这位银行家，却在不久之后又积累了巨额的财富。有人问他，他的第二笔财富是怎样积累起来的。他回答说：

“这很简单，因为我从来没有失去过积极乐观。从我早期谋生开始，我就以充满希望的一面来看待万事万物，从来不在阴影的笼罩下生活。我总是有理由让自己相信，实际的情况比一般人设想和尖刻批评的情况要好得多。我相信，我们的社会到处都是财富，只要去工作就一定会发现财富、获得财富。总是要看到事物阳光灿烂的一面——这就是我生活成功的秘密。”

一件事情的好坏，决定性的因素一般是取决于个人所参照的标准，而不是所发生的事件本身。高情商的人，都是允许自己失败，不允许自己倒下的人。他们总是善于把自己的思路和言谈都引导到振奋人心的、积极向上的观念上去；他们总是能迅速地解决问题，把环境中的消极方面压缩到最小限度，并竭力找出积极的东西，动手扭转处境；他们总是对经历过的活动报以积极的评论，并总是热情洋溢地谈到自己与人共处的时光；他们还认为过去是一个可供借鉴的信息库，而未来是一片快乐的、前途无限的、引人入胜的乐园。

认知他人情绪的能力

生活中，我们常常会听到有人抱怨某人不会“察言观色”，或者是“没有眼力见儿”，无论是哪种表达，其实都是关于低情商者不懂识别他人情绪的表现。而一个不懂得识别他人内心的人，是无论如何达不到他想要的成就。而具有高情商的人，往往能从细微的信息察觉他人的需求，进而根据他人的需求行事，就能得到他人的认可和欢迎。

圣诞节前夕，一位母亲带着4岁的儿子去买礼物。大街上回响着圣诞节的赞歌，橱窗里装饰着彩灯，乔装的可爱小精灵载歌载舞，商店里五光十色的玩具琳琅满目。

母亲认为她的小宝贝将会以非常兴奋的目光观赏这绚丽的世界。然而，她没有想到，儿子却呜呜地哭起来。

“怎么了，宝贝？要是总哭个没完，圣诞精灵可就不到咱们这儿来啦！”母亲有些严厉地说。

“我，我的鞋带开了……”儿子怯怯地回答。

这位母亲不得不蹲下身来，为儿子系好鞋带。这个过程中，母亲无意中抬起头来，啊，怎么会什么都没有？！没有绚丽的彩灯，没有迷人的橱窗，没有圣诞礼物……这是母亲第一次从4岁儿子的高度看世界，她感到震惊。原来那些东西都放得太高了，落在孩子眼里的，只有粗大的脚印和妇人们低低的裙摆。

母亲立即把儿子抱起来，放在自己的肩上，儿子开心地笑了起来："妈妈，好漂亮的圣诞节啊！"

"站在孩子的立场上"——这位母亲以自己亲身的体验认识了这一道理。我们在与人交往的过程中，也要站在对方的角度上看问题，这也是高情商者认知他人情绪的常用技巧。

人际关系的管理能力

人际关系的管理能力，也就是指一个人的社交能力，即能够建立和管理关系网络，能够找到共同的立场和亲善关系的能力。这一能力在工作生活中十分重要，也是一个人情商高低的直接体现。

高情商者，就是充分掌握这项能力的人，他们善于洞察并理解别人的心态，能控制自己的情绪，设身处地为别人着想，领悟对方的感受，尊重他人的意见等。因此，他们善于人际沟通与合作，人际关系融洽，在复杂的人际环境中游刃有余。

香港地产大亨李兆基，就是一个善于运用人际关系技巧的人。有一次，李兆基身边一位任职多年的下属因自己炒楼炒股失败，血本无归，又被证券经纪行强行平仓，搞得欲哭无泪，走投无路。李兆基知道了这件事，不等对方开口，马上叫来会计，嘱咐说："替他还债吧。"

当时李兆基的恒基集团也欠下银行很多的债务，可以说是自顾不暇，而市场又不景气。会计便忍不住问了句："在这个时候还帮他吗？"李兆基说："就是在这个时候，我不帮他，还会有谁帮他？"

这一做法自然是让那位下属感激涕零，做起工作来更加勤恳卖力了。

无疑，李兆基就是一个高情商的人。他充分掌握了人际关系的管理能力，如果我们也能够像李兆基一样，掌握一些基本的交往技巧，我们也会成为让别人喜欢和尊敬的人。

高情商对人的一生都非常重要，如果一个人有这些高情商的表现，那么他也就拥有了高情商的优势，这个优势能够使他在生活上幸福快乐，在事业上成功卓越！

你的人生，情商来决定

情商比智商在更大程度上决定着一个人的爱情、婚姻、学习、工作、人际关系以及整个事业。

——柯云路

如果你看过《阿甘正传》，那么你一定忘不了那个智商只有75的傻小子——阿甘——无论在体坛、战场、商界，还是爱情上，成功总伴随着他。

或许你认为他只是个“虚构的传奇”，不过，如果仔细想想，现实生活中这样的例子也不少。例如，达尔文曾被老师和家长认为是“平庸无奇的儿童，智力也比一般人低下”，但他成了伟大的科学家；爱因斯坦自述其弱点是“智力不好，特别苦于记单词和课文”，但他成为了世界级的科学大师；亚历山大•冯•洪堡上学时的成绩也不好，在一次演讲中他提到：“我曾经相信，我的家庭教师再怎样让我努力学习，我也达不到一般人的智力水平。”可是，二十多年后他却成为了杰出的植物学家、地理学家和政治家……

其实，这就是情商在发挥着作用。它为人类开辟了一条事业成功的新途径，使大家终于摆脱了过去只讲智商所造成的宿命论。

在一篇名为《一个智商低的孩子》中，美国作家奥斯勒就以一个母亲的语调讲述了这样一个故事：

虽然杰克不是一个聪明的孩子，可他却是最值得我骄傲的孩子。

上学时，杰克的成绩很差，尤其是数学成绩，从来就没有及格过，为此老师已经跟我说过很多次了。而杰克也为此经常受到同龄孩子的嘲笑，他们经常在他的背后贴上“傻瓜”或者“蠢人”的字条，杰克只是把字条撕去，从不反抗也不让我知道，直到我在一次偶然中看到，他一直都是默默地承受着。

我知道他是怕我为他伤心，可是，不管他怎么笨，甚至蠢到这个世界上所有的人都嘲笑他，但是他是我的孩子。

很多时候，看着他苦恼的表情我总是很无奈，因为我不能直接劝慰他，那样就等于承认了我也认为他确实很笨。我只能总是对着他笑，告诉他你也很棒，只是你和别人不一样罢了。我带着他去老人院做义工，去照顾没有主人的被遗弃的小动物，做这些的时候他总是能做得很好。

杰克三年级时，不幸的事情发生了，杰克的外公出了车祸。我无法控制自己的痛苦和难过，因此就忽略了杰克的存在，直到葬礼结束了，我才从悲伤中缓过来，开始寻找他。杰克很爱外公，一定也很难过，我要安慰他一下。当我终于发现杰克的时候，我看见他幼小的身影正在一群人中间若隐若现，那些是前来参加葬礼的老人，年龄和痛苦的原因让他们很虚弱了，杰克就站在阶梯边上，一个一个地扶着他们走下阶梯，时不时地还帮一些老太太提起她们笨重的裙角，同时，他还要不时地抽出一只手擦去自己脸上的泪珠。

我又一次流泪了，为了杰克，我可爱的孩子，他真让我觉得骄傲。后来杰克开了一个很大的养老院，专门照顾一些没有儿女的老人，当然他成功了，成了整个街区最有名的人，他后来还做了理事会的主席呢！

智商上的不足没能阻止杰克获得成功，毋庸置疑，情商在此起到了至关重要的作用。

看看你的周围，是否也有这种现象：有的人明明看上去脑瓜聪明，但生活却一直不尽人意；有的人看上去智力平平，但却生活得很幸福。如果将人生比做一辆全速行驶的列车，那情商不仅能为列车提供足够的动力，而且决定着列车的前行方向。一个人要想把握生活中的幸福、取得事业上的成功，往往需要正确的思想和理念来指引方向，而那些真正具有建设性的精神力量，则大多蕴藏在左右人生命运的情商中。

下面简单列举情商在几个方面的作用。

情商在人际关系中的作用

在成功的道路上，我们最大的敌人并不是缺少机会或资历浅薄，而是缺少对自己情绪的控制。

愤怒时，不能控制自己的怒火，使合作者望而却步；消沉时，放纵自己萎靡不振，使许多稍纵即逝的机会无端错过。要想在人际交往中获得成功，就必须控制好自己的情绪，掌握好基本的交际能力，这就是情商的作用。

情商在日常工作中的作用

无论什么工作都离不开情商，良好的情商能促进工作的发展，尤其在日常的繁琐工作中，更能发挥它的最佳作用。

情商不高的人，往往因为一点小事便会陷入消极的情绪之中，或垂头丧气，或忧愁烦闷，或大发雷霆，或三心二意，或动摇不定，从而使自己具有的智力不能得到充分的发挥，其尘封的潜力更是难以激发，在工作中自然就会觉得很吃力，从而产生一些不良的心理因素。其实，他们只要利用自己的情商，就能有效地调控自己的消极情绪，让自己拥有一个良好的心态，这样才能保证各项工作有序开展。

情商在问题处理中的作用

情商在人们解决问题的过程中，能影响认知的效果。

情绪的波动可以帮助人们思考未来，考虑各种可能的结果，帮助人们打破定势，创造性地解决问题。茫然的情绪会打断正在发生的认知活动，但人们可以利用这种情绪，审视和调整内部或外部的要求，重新分配相应的注意力，把注意力集中于最重要的部分，从而抓住问题的关键，解决问题。所以情商能激发动机来解决复杂的智力活动，充分发挥情绪在解决问题中的积极作用，这样一来才能达到事半功倍的效果。

情商在沟通与协调中的作用

你的沟通和协调能力反映了你情商的高低，反过来，情商也能促进沟通与协调工作的发展，能帮助你更好地与别人互动。情商高的人在沟通和协调中如鱼得水，情商较低的人在沟通和协调中总是缩手缩脚。

总之，情商的作用和影响早已贯穿于我们的生活、工作之中。正如丹尼尔•戈尔曼所说，“婚姻、家庭关系，尤其是职业生涯，凡此种种人生大事的成功与否，均取决于情感商数的高低。”

你无法控制智商，却可以提高情商

提升情商，使得我们能够用有限的知识去运作无限的世界，更适合当前压力过大的生存环境。有助于我们获得阳光心态，缔造和谐快乐，享受幸福人生。

——吴维库

也许有人会说：“没有办法，我天生情商低。”如果你有此想法的话，就大错特错了。在美国等发达国家的教育体系里，情商教育已经“登堂入室”，成为几乎所有学校的必修课程。虽然到现在，我们仍算不准多大比例的情商是与生俱来的，但可以确定的是，比起智商来，情商更多是由后天培养的。

改变思想，改变情商

一切外在行为的改变，都源于内在思想的改变。因此，要想改变情商，你首先就要改变自己的思想。

茫茫宇宙，万物之间是普遍联系的，这种普遍联系实际上可以用两个字来概括，那就是“吸引”。同样，当你的思想专注在某一领域的时候，跟这个领域相关的人、事、物就会特别吸引你的眼球。所以正确地使用你的思想，就可以将自己想要的东西吸引过来为你所用。控制自己的心念（思想），使之专注于有利自己的、积极的和善良的人、事、物上，那这个人就会把这些吸引到其生活中去，而有利的、积极的和善良的人、事、物也会把这个人吸引过去。

林林因病住院，可是令他更加痛苦的是第一次手术居然失败了。因为主刀大夫是个实习生，第一次握刀，可能由于紧张或者技术不精而导致这个结果。林林的家人和朋友去医院看望他时，都对医院的行径感到忿忿不平，有出主意状告医院的，有要求转院的，也有要求赔偿的。林林心情沉重，躺在病床上一言不发，眉头紧皱。

这时，却有一个朋友对林林说：“没关系，就在这里做第二次手术吧，第一次手术失败了，医院肯定要高度重视，派一名业务骨干给你主刀，对你肯定会特别精心护理，手术肯定能圆满成功！”林林听了，眼睛一亮，微微点头，同意了朋友的建议。

果然，医院在第二次手术时请来了省里著名的专家来亲自主刀，结果非常成功。

高情商者往往都会随着时间、社会、环境的变化而改变思想。每当一个使你感到沮丧或者消极的念头潜入你的思维时，应该马上提醒自己将想法转移到使你感觉良好或者充满能量的事情上去。只有这样，你才能做正确的选择，实现吸引力这一宇宙正法则，获得正确的行动指引和动力。

修正习惯，修正情商

人按习惯做事，而习惯有好坏之分，好的习惯助人成功，坏的习惯使人受挫。所以，要想提高你的情商，就十分有必要建立好习惯，克服坏习惯。

有一个马戏团到世界各地巡回演出。演出结束后，训兽员把大象随意地用一条细铁链拴在帐篷外的石柱上。大象竟然乖乖地待在那里，没有一点反抗和逃跑的意思。

一个小孩注意到了，于是问驯兽员：大象那么有力气，为什么它的脚上只系着一条小铁链，它真的挣不开那条铁链吗？

驯兽员笑了笑，解释道："没错，大象是挣不开那条细细的铁链。在大象还小的时候，我们就是用同样的铁链来系住小象，那时候的小象，力气还不够大，小象起初也想挣开铁链的束缚，可是试过几次之后，知道自己的力气不足以挣开铁链，也就放弃了挣脱的念头。等小象长成大象后，它就甘心受那条铁链的限制，不再想逃脱了。"

小象是被链子绑住，而大象则是被习惯绑住。可悲吗？其实我们每个人从生下来也被许多肉眼看不见的链条系住了，而在不知不觉中，我们也就自然将这些铁链当成习惯，视为理所当然。于是，许多本该属于我们的美好，就这样被我们自己在习惯中抹掉，并开始向环境低头，甚至于开始认命、怨天尤人、安于现状、不思进取。

所以，为了有更好的成功与未来，有必要克服不好的习惯，建立起好习惯。而行为科学的研究表明，如果每次你都能按某种方式行事的话，那么就会出现这样的情形：你如今的行事方式将慢慢占据你的脑海。重复次数越多，你过去的行事方式就越来越模糊，而新行事方式将越来越占据主导地位。久而久之，当你改变了自己的习惯，你就改变了自己的行为，也就改变了自己的情商，改变了自己的命运。

增长知识，增长情商

培根曾经在《论读书》中写过这样一句话："读史使人明智，读诗使人聪慧，演算使人精密，哲理使人深刻，伦理使人有修养，逻辑修辞使人善辩。”歌德也说：“人不只是靠他生来就拥有的一切，而是靠他从学习中所得到的一切来造就自己。”显然，知识的增长对于智商和情商的提高都是有很大意义的。

方方与圆圆是一对孪生姐妹，家境贫困，姐妹俩高中没有毕业，就同时前往广州打工。姐姐方方有了钱，大部分用于买时装和化妆品了，她说，青春不美，到老后悔。而妹妹圆圆每月一发工资，首先去的场所却是书店。两年后，圆圆自学考上了大学，毕业后，成为一家报社的记者。如今，圆圆与一个工程师小伙子结婚了，过着优雅而恬静的生活，读书依然是她生活的组成部分。而她的姐姐，与一个打工的小伙子结婚了，婚后一直在市场卖菜，曾经的美丽已经走出了她的生命。

没有知识（包括资讯、心态、目标等）的准备，你不会失去什么，但也不可能得到什么。在书和时装只能选择其一的时候，圆圆选择了书籍，博学让其貌不扬的她成为“颜如玉”。她一直不停地用知识丰富自己苍白的人生和简单的青春阅历，最终得到了自己想要的生活。

当然，知识的准备和积累，不仅仅是书本知识，而应该是广义的知识。具体说，就是心态的准备、目标的准备和行动的准备，这些不仅可以改变你的内涵，而且还会提高你的情商。

不过，值得注意的是，情商的培养也会因人而异，对于有些人来说，它的某些特质或许很容易培养，但对另外一些人来说，尤其是这些特质与他们业已形成的基本信念相左时，可能就更难培养。但只要你决定去做就一定能达到目标，那么情商就可以培养，良好的生活技能也将尽在你的掌握之中。

情商培养，什么时候开始都不晚

让我们再进化一次吧，成为智慧的上帝！

——美国EQ协会宣言

生命中哪个阶段培养情商更好？毫无疑问，在儿童时期培养情商的效果最好。不过，情商的形成，并不是一时一事，也不是一朝一夕，更不是一蹴而就的，而是一个长期的过程：它开始于幼儿期，形成于儿童期和少年期，成熟于青年期，青年期之后，人的情商水平仍然持续不断地提高。所以说，你从什么时候开始培养情商都不算晚。

儿童期——父母是孩子情商教育的关键

0～11岁左右的儿童期是一个人情商培养的开始阶段，或者叫准备阶段、奠基阶段。这个时期，孩子主要是学习语言和最基本的社会常识，模仿大人，主要是模仿父母的行为和动作，而且，儿童的模仿不分好坏，父母的优点和缺点都被孩子学习和吸收。从这个意义上说，要想让孩子有高情商，做父母的首先要有高情商。否则，父母的情商水平低下，情绪不能自我控制，性格孤僻古怪，心胸狭窄，而要求孩子有良好个性，这既是很难的，也是不公道的。因此，儿童期的家庭教育对一个人的情商形成是极其重要的。

汉斯是个忠厚、勤劳的小伙子，他一个人住在一间小屋子里，拥有一座全村最美丽的花园。汉斯有很多的朋友，其中有一个跟他最要好，叫格兰特，是个磨坊主。磨坊主是个很富有的人，他总宣称是汉斯最忠实的朋友，他还常说："好朋友就该分享一切。"因此他每次光顾汉斯的花园时，都以好朋友的身份拎走一大篮子美丽的鲜花，在水果成熟的季节还拿走许多水果。不过他从来没有给过汉斯什么回赠。

冬天到了，汉斯花园里的花枯萎了。“忠实”的磨坊主朋友，却再没有来看望过孤独、寒冷、饥饿的汉斯，因为他正在自己家里发表他关于友谊的“高论”，他说：“冬天去看汉斯是不恰当的，人们苦难的时候心情烦躁，这时候必须让他们拥有一份宁静，去打扰他们是不明智的。而春天的时候就不一样了，汉斯花园里的花都开了，我去他那里采回一大篮子鲜花，他该多么高兴啊。”

这时，磨坊主的儿子天真无邪地问道：“爸爸，为什么不让汉斯到咱们家来呢？我会把我的好吃的、好玩的都分给他一半。”

谁知道磨坊主竟被儿子的话气坏了，他训斥了这个白白上了学、仍然什么都不懂的孩子。他说：“如果汉斯来到我们家，看到了我们烧得暖烘烘的火炉，还有我们丰盛的晚餐，以及我们甜美的红葡萄酒，他一定会嫉妒，而嫉妒则是友谊的天敌！”

多么虚伪的磨房主啊！可想而知，在他的这种“教育”下，本来心灵美好的孩子该产生多大的变化啊。因此，儿童期情商的培养，更需要父母注意自身言行，让孩子拥有高情商的基础，家长是关键。

少年期——多进行积极疏导和正确教育

12～18岁左右的少年期是一个人成长、发育的关键时期。这个时期人的独立性开始提高，依赖性开始下降，世界观、人生观、价值观开始形成，而且又是可塑性很大的时期，血气方刚，初生牛犊不怕虎，极易受外界的影响。因此，有些学者把这个时期叫做人生的“断乳期”，有的又称之为“危险期”。因为这个时期的孩子还不成熟，情绪极不稳定，行为也往往缺乏理智。对此，学校、家庭、社会必须共同对其进行积极的疏导，开展正确教育。

在英国一个小镇里，有一个小姑娘，她从小受到严格的家庭教育。父亲经常向她灌输这样的观点：无论做什么事情都要力争一流，永远走在别人前头，而不能落后于人，“即使坐公共汽车，你也要永远坐在第一排。”父亲从来不允许她说“我不能”或者“太难了”之类的话。

对于孩子来说，这个要求可能太高了，但她所受到的教育在以后的岁月里被证明是非常宝贵的。正是因为从小就受到父亲的“残酷教育”，才培养了小姑娘积极向上的决心和信心。在以后的学习、生活和工作中，她时时牢记父亲的教导，总是抱着一往无前的精神和必胜的信念，尽自己最大努力克服一切困难，做好每一件事情，事事必争一流，以自己的行动实践着“永远坐在第一排”的誓言。例如，大学期间，她凭着自己顽强的毅力和拼搏精神，硬是在一年内全部学完了需要用5年时间来学习的拉丁文课程，而且成绩名列前茅。不仅如此，她在体育、音乐、演讲及学校的其他活动方面也都一直走在前列。正如当年校长对她的评价：“她无疑是建校以来最优秀的学生，她总是雄心勃勃，每件事情都做得很出色。”

她就是连续四届当选为英国保守党领袖，并于1979年成为英国第一位女首相，雄踞政坛长达11年之久，被世界政坛誉为“铁娘子”的玛格丽特·撒切尔夫人。

其实作为小姑娘的玛格丽特与其他孩子在智力上没有什么区别，而她之所以能获得如此成就，和他父亲的教育是分不开的。那种一往无前的精神正是父亲灌输给她的情商教育。

青年期——广泛全面地学习与实践

19～30岁左右的青年期，人的生理与心理都已发育成熟，世界观、人生观和价值观及其个性都已基本形成。并且已走向社会，开始了独立的学习、生活与工作，陆续成家立业。这个时期，需要广泛全面地学习与实践社会规范和人生中各种生存技巧与知识，学习处理各种人际关系，以更好地适应人群与社会。

卡特就曾经从鱼贩们身上学到了乐观的道理。

那一次，卡特去美国观光，他听导游说西雅图有个很特殊的鱼市场，在那里买鱼是一种享受，便好奇的前往。

那天，天气不是很好，但卡特却并没有注意到刺鼻的鱼腥味，他感受到的是鱼贩们欢快的笑声。他们面带笑容，像合作无间的棒球队员，让冰冻的鱼像棒球一样，在空中飞来飞去，大家互相唱和："啊，5条鳍盆飞明尼苏达去了。""8只蜂蟹飞到堪萨斯。"……

卡特好奇地问当地的鱼贩："你们在这种环境下工作，为什么会保持愉快的心情呢？"

鱼贩说：事实上，几年前的这个鱼市场本来也是一个没有活力的地方，大家整天抱怨，后来，大家认为与其每天抱怨沉重的工作，不如改变工作的品质。于是，我们不再抱怨生活的本身，而是把卖鱼当成一种艺术。再后来，一个创意接着一个创意，一串笑声接着另一串笑声，我们成为鱼市场中的奇迹。而且，这种工作的气氛还影响了附近的上班族，他们常到这儿来和鱼贩用餐，感染他们乐于工作的好心情。每个愁眉不展的人进了这个鱼市场，都会笑逐颜开地离开，手中还会提满了情不自禁买下的货，心里似乎也会悟出一点道理来。

只要你乐于学习，任何事、任何人都会成为你提高情商过程中的老师。

成人期——自省、自悟、自我感受与体验

31岁以后，人的社会知识和实践经验已相当丰富，但面对错综复杂的社会生活和并不一帆风顺的人生，仍然需要继续学习和接受教育，学习新知识、新经验和人际技巧，不断反复实践和自我提高，其情商的培养主要靠自省、自悟、自我感受与体验。

其中，苦难就是提高你情商的一个很好契机。

古印度莫卧儿皇帝勇猛善战。有一次，由于战争失利，他不得不在一个马厩里躲避搜捕。"一国之君竟然需要躲在马厩里！"他越想越丧气，简直忍不住要不顾一切的冲出去。

忽然，他看到地上有一只蚂蚁，正在艰难地拖动一颗玉米粒，试图爬过一道看似不可能通过的坎儿。尝试30次之后，小蚂蚁似乎都没有意识到困难的巨大，它又一次拖着玉米粒爬了上去，这一次，它终于成功地翻过去了！

莫卧儿皇帝受到了巨大的鼓舞。脱险后的他再一次召集军队，不屈不饶地与敌人斗争，最终建立了中世纪最后一个横跨欧亚非的帝国！

人的一生总会遇到各种问题，尤其是过了三十岁的人，缺少了青春时的那股闯劲，往往容易在挫折中一蹶不振。殊不知。这些困难正是我们个人情商的契机，因为只有在挫折中，人才能不断地成长起来，同时也会不断在感悟中提高自己的情商。

当然，情商也要受到先天因素的制约，但是，后天因素对情商的影响更大。随着我们成功地跨越不同的人生阶段，我们的情商也会得到相应的提高。近几年，有许多地方都已经针对不同人群开设了各种“情商培训班”，人们都已经认识到情商可以后天提升的可能性以及它对于个人成长的重要性了。因此，不管你是何种年龄、何种职业，现在就开始你的情商训练吧，一切都来得及。

误区：莫让“情商”变“情伤”

如果不懂EQ，从现在起，我们宣布，你落伍了！

——美国《时代》周刊

在中国，“情商”引入已有一段时间，不过很多人并没有深入挖掘并研究这个术语的实际意义，仅仅根据他们的理解就匆匆忙忙地得出了结论，因此，关于情商的内涵，一直存在着几种认识上的误区。

下面就让我来纠正一下你的认识，莫让“情商”变“情伤”。

误区一：情商就是永远保持良好情绪

正解：情商的内涵并不是要求人们永远保持良好情绪，而是意味着要切实、坦率、真诚地面对我们的情绪，但要做到这一点是需要勇气的，因为回避问题通常比面对问题更容易。

中国历史上“忠言逆耳”的故事就是一个很好的实例。

唐太宗李世民有一次问谏议大夫魏征：“人怎样才能不受欺？”魏征说：“兼听则明，偏听则暗。”唐太宗认为对。但太宗在纳谏的过程中，自我中心意识也时时露头，例如他最喜欢的小女儿出嫁时，其嫁仪排场要超过大女儿。为此魏征直言谏阻，太宗龙颜大怒，到后宫见到长孙皇后狠狠地说：“朕总有一天要杀掉这个乡下佬！”皇后问是谁，太宗说：“魏征当众侮辱我！”皇后不敢多话，马上换上朝服煞有介事地向太宗祝贺：“古语说得好，‘君明臣直’。魏征的直是陛下英明的缘故，妾特向陛下祝贺。”太宗这才消了怒气。他从此以后也改变了对魏征的看法。数年后魏征去世，唐太宗曾经痛心地说：“以铜为镜，可以正衣冠，以人为镜，可以明得失，魏征死掉，我失去了一面镜子。”

由此可见，善于忠言直谏的魏征在李世民心中的地位是何等重要。而魏征的言行也可以看做是高情商的一种体现。现实生活中，我们在与他人打交道的时候，也要做到切实、坦率、真诚。尽管我们应该设身处地考虑他人的感情，但如果他人存在负面的或有害的行为，我们如只是为了照顾他人感情而视若无睹或置若罔闻的话，那么这对他人只是有害无益。如果我们真的关心一个人，就必须有一说一，直率坦诚地将其不足之处指出来，即便这种做法会令他人一时不悦或者自己一时不被理解也在所不惜。真正的朋友最终会理解我们的良苦用心而感激我们的。

误区二：情商意味着让情绪放任自流

正解：正如戈尔曼所指出的那样，情商并不意味着毫无保留地宣泄情绪，即让情绪放任自流，而是意味着要学会情绪管理，使其得到合适、有效的宣泄，使人们为了共同的目标而顺利合作。

在宣泄强烈的情绪时，要选对时间和地点。

比尔想买一个手提箱。到了休息日的时候，皮特一起帮他去挑手提箱。当他们走到皮箱区，一位迷人的销售小姐就过来招呼他们。销售小姐笑着问他们是否需要帮什么忙。“OK，我的感情生活现在有点平淡。”皮特说，“你能帮忙吗？”比尔顿时脸红了，赶紧接过话说：“小姐，我想买个结实点的手提箱。”“没问题。”销售小姐说。“你需要多大的？”比尔还没来得及回答，皮特就插嘴了，“适合你年龄的就可以啊。”比尔对皮特说：“你能不能闭嘴？我想买的是一个手提箱，不是让你在这调戏一个快可以做你女儿的小姑娘。我自己去买手提箱了。”比尔跟销售小姐道歉后，然后走开了。皮特叫着跟上他，“别发火了，你今天吃错什么药了？”

可以看出，皮特几乎没有自我意识能力。他不知道自己的行为已经对销售员和自己的朋友产生了消极效果。他没有意识到自己的行为就像个白痴，已经让别人难堪了。而这就是对这一误区最好的诠释。

误区三：智商与情商，二者毫无关系

正解：智商（Intelligence Quotient，简写成IQ），即人的智力发展水平，它反映的是一个人的观察力、记忆力、思维力、想象力、创造力等。情商（Emotional Quotient，简写成EQ），即认识管理自己情绪和处理人际关系的能力，它涵盖的是一个人的自制力、热情、毅力、自我驱动力等。可以说，智商是前提，情商是保证，两者的关系相辅相成，缺一不可。

2011年5月9日晚，艺人高晓松在北京发生交通事故，经检测，他血液里的酒精含量超出醉驾标准两倍多，当即被警方刑拘，被判拘役6个月。据警方称，高晓松在整个事件过程中，一直诚恳认错，甚至当他的辩护律师向他提出作无罪辩护的可能时，都遭到了高晓松的拒绝。

没有以往名人用过的顶包手段的态度、也没有“运作与搞掂”，甚至没有辩解，没有推诿，高晓松用老老实实的态度平息了名人犯法所引起的舆论风暴。这正是他高情商的体现。而入狱后的高晓松，又将其智商发挥到了极致。他首先开始看《大英百科全书》，把本以为要到退休后才有时间实现的愿望提前付诸行动，“记笔记已用光了一根笔芯，因为监狱里只允许用笔芯。”除此之外，还在好友建议下，着手翻译加西亚·马尔克斯的《我忧郁妓女的回忆》（Memories of My Melancholy Whores），并启动了诗集《纪传体》的创作，同时还开始修改另一个剧本。

一场个人声誉的坍塌危机，就这样被高晓松以诚实认错化解了，而且他似乎还从这场牢狱之灾中，给自己的公众形象收获了几抹亮色。

高晓松对这次入狱事件的有效应对，不得不说是情商与智商共同作用的结果，二者缺一不可。

一个人情商高，他的目标远大，他的人际关系好，他善于合作，他心情舒畅，这些对开发智商有促进作用。一个人智商高，知识广，且受到人们的尊敬，这样对于他能找到很好的办法与人合作，控制自己的情绪，处理好人际关系保持强大的情感分寸，这些对于他开发情商潜能也是大有益处的。

误区四：女人比男人的情商高

正解：这里引用戈尔曼的一句话：“在情商问题上，女性不比男性高明，男性也不比女性高明。我们每个人都有自己的优点与缺点，情况互不相同。一些人可能非常富有同理心，但却无力妥善处理自己的苦恼情绪；其他人可能会敏感地察觉到自身情绪的微妙变化，但其社交能力却不敢恭维。”

一般来讲，女性更加乐于并善于表达自己的情绪，一些人据此认为女性肯定比男性情商高。但这种认识是有失偏颇的。我们综合考察两性的情商问题时就会发现，一般而言，女性对自己的情绪更加敏感，更擅长建立新的人际关系；而男性的适应能力较强，能够更加妥善地处理好自己的苦恼情绪。

让我们来看看这样一对父女。

有一个女孩子结婚后，经常回到娘家哭泣，诉说她丈夫是多么的不好。她父亲说，这样吧，我这儿有一张白纸，一只毛笔，你现在拿着毛笔往白纸上点点，你丈夫有一个缺点，你就在纸上点一个点。女儿含泪接过毛笔，边哭边点，最后在纸的中央密密麻麻的点了一些点，递给父亲。父亲把纸拿起来展示给女儿，问女儿，你看到了什么？女儿说我看到了黑点，都是缺点。父亲说你再看一下，女儿说都是缺点，都是黑点阿。父亲说除了黑点呢？女儿说除了黑点就是白纸。父亲说，对啊，白纸比黑点大得多了，你怎么只看到黑点呢？你一定是只看他的缺点啦，来，你再数一下他的优点。女儿停止哭泣一二三的数起丈夫的优点来。数着数着，脸色转和，最终甜蜜的笑了。说：爸爸，我知道了。

从故事里我们可以看到女儿的情绪变化，更看到了父亲处理问题的高明。或许不够典型，但也从某种程度上反映了男女情商的不同。不过，需要牢记的重要一点是，这一发现并不是放之四海而皆准的绝对真理。人与人之间是有差异的，完全有可能出现与这一发现截然相反的情况：有的男性对自己的情绪更加敏感，并擅长建立牢固的人际关系，也有的女性适应能力较强，并且能够更加妥善地处理苦恼情绪。

总之，要培养情商，就必须从正确认识情商开始。只有走出误区，正确地认识情商，你才有可能在正确的指引下成长、成熟、成功。

第二章 聪明还不够——情商比智商更重要

智商是用以表示智力水平的工具，反映了一个人智力水平的高低。而情商则是表示认识、控制和调节自身情感的能力，它反映的是情感品质的差异。二者都是人的重要的心理品质，都是事业成功的重要基础，但相比而言，情商对于人的成功起着比智商更为重要的作用。

EQ

上篇 情商的秘密：不做聪明的“傻子”

关于幸福和快乐的新秘密

我把人在控制自我情感上的软弱无力称为奴役。因为一个人为情感所支配，行为便没有自主之权，而受命运的宰割。

——詹纳斯·科尔耐

幸福和快乐，可以说是我们追求一切的最高目标。因为只要你觉得幸福快乐，即使是生活在人间地狱也变成天堂了；而如果你不快乐，即使是生活在人间天堂也如在地狱般难熬。那么怎样才能找到幸福和快乐呢？

财富可以带我们找到吗？

一个叫斯提芬•罗塞蒂的人告诉我们：五十年来，她还没有发现一个快活的富人和贵族。

斯提芬·罗塞蒂50年前是法国富豪达俊的奴仆，1968年又成为伊朗国王巴列维的女仆，1980年她又服务于巴列维国王的小女儿莱拉公主。这些经历最终让斯蒂芬·罗塞蒂有了这样的感悟：

"一些我觉得微不足道的小事，在他们（有钱人）那里就会觉得其大无比：早餐的鸡蛋无法下咽，因为煮的不够嫩；丝绸衬衫无法穿出去，因为上面有一道几乎看不到的褶皱；袜子没烘暖就拿来了；早报消毒后，竟然没有熨平；他们感觉人人都和他们做对。

"在服务最周全的豪华大酒店，他们也会弄出一肚子气来，因为白酒没有达到恰恰合乎他们口感的温度；抬抬手指，侍者没有在30秒内站到他们身边。走时，门童总是磨磨蹭蹭，打开一个车门，竟让他们足足等了一分半钟……”

可见，财富并不一定能给我们带来幸福和快乐。

那么，是成功吗？

有位年轻人就认定“唯有成功才能带来快乐”。于是，他真的倾尽全力，在求学、工作时都全力以赴，也确实在刚满三十岁时，就做到了公司的经理，不但衣食不愁，还备受同仁的推崇、老板的器重。

“我这样就快乐了吗？”有一天，他站在个人办公室外的玻璃帷幕前自问。此时，他手上端的是香醇的咖啡，眼前是灯火通明的都市美景，就在这刹那之间，他感受到的不是心满意足的喜悦，反而是高处不胜寒的空虚。接着，他放下了咖啡杯，望着电话筒，他有着一股冲动，想要打电话，可是要打给谁呢？他甚至期盼电话铃声响起，让他在周末的夜晚不要这样寂寞。后来，他颓然地坐在电脑屏幕前，望着闪动的画面，问着自己：“这样是成功吗？这样就快乐了吗？”

可见，成功也不见得能带我们找到幸福快乐。

我们有时走错了方向，有时找错了地方，有时用错了方法。其实，要想实现快乐，拥有幸福，我们必须运用情商。积极心理学鼻祖塞林格曼博士提出的一个幸福法则，或许可以对此作出解释：

H（持久幸福感）=S（先天因素）+C（生活环境）+V（自我掌控）

并且，经过多年实证和量化研究，塞林格曼的答案是，在这个幸福配方中，S占到几乎一半的比重，C占到8%-15%，那么剩下的至少占到35%以上。也就是说，即使天生的因素会限制一个人的幸福感上限，但至少还有三成半的因素是在你自己手中，而且，你自得其乐的能力对幸福和快乐的决定作用是生活环境的两倍还多。而这个“自我掌控”正是情商的核心所在。

周末到了，超市里等着结账的队伍也排得越来越长了，玛格丽特正是其中一员。她向前看了看，自己大概排在队伍的第八位。可是队伍却突然停下来了，她看不太清楚前面发生了什么事，只听到有人叫来主管，说是收款机出现问题。玛格丽特有点生气了，她觉得自己还得等很长时间。不过，理智告诉她现在什么也做不了，只能等。于是，玛格丽特随手从旁边的架子上拿起一本杂志翻了起来。

十分钟过去了，收款机还没修好。这时前面传来喊叫声：“纯属无能，笨到家了！”“你不会修好收款机啊？没看见队伍有多长吗？我还有事呢，太可恶了！”……是一个男人在骂收银员和主管。收银员和主管只好道歉，说他们已经在尽力了，并且建议他换个收款台。这一说男人更来劲儿了，“为什么我要换啊？换到别的收款台又得等那么长时间。你们浪费了我的时间，我以后再也不来这儿买东西了！我还要投诉你们！”男人丢下满是物品的购物车，愤愤地离开了超市。

就在男人离开后一两分钟，超市里又发生了三件事。一是超市在旁边又专门为这支队伍的顾客开了一个收款台；二是刚才坏了的收款机也修好了；三是超市为了表示道歉，给这个队伍中的其他顾客每人 5 英镑的优惠券。

玛格丽特很高兴的，既买到了东西，又得到了实惠，她还从刚才的杂志上看到两个新的菜谱，结账时，玛格丽特谢了收银员，还收到一个感激的微笑。而那个愤怒的男人呢，不但没购成物，没得到优惠券，还跟人生气发火，留下的是“不愉快的”经历。

从这个例子中我们可以看到，玛格丽特显然也生气了，不过她却没有任由愤怒发泄出来，而是站在别人的角度分析了情况，把发火用一本杂志就给引开了，这就是“自我掌控”的作用，这就是情商的力量，也就是让你幸福和快乐的新秘密。

其实任何生活中的变动，大至超越了人能力所能处理的大事情，小至扰乱了人心平衡状态的小事件，都会是“情绪”的来源。这些可以预测以及不可预测的刺激事件，都会给我们的心情带来或大或小的影响。情商低的人在受到挫折时，会很容易拿别人的错误来惩罚自己，或垂头丧气，或忧愁烦闷，或大发雷霆，或三心二意，或动摇不定，自然感受不到幸福和快乐。而高情商却能让我们明白外面的世界很现实，很复杂也很精彩。自己会走什么样的道路其实在于你自己对未来的各种选择。你要用高情商去看待一切的不公平及一切的美好，有效地调整自己的情绪，使自己摆脱焦虑、忧郁、烦躁等不良情绪，因而更能发现生活中的乐趣及美好的一面，这就使得自己的心态更加平和，更容易得到满足和快乐。

高情商让你更容易成功

在任何领域，情商的重要性都是智商的两倍；在成功的层面上，情商比智商重要几倍。

——李开复

“一个笨蛋15年后变成什么？”

答案是老板。

虽说只是一句玩笑，不过却从某种意义上说明了这样一个道理：即便是笨蛋，如果情商很高，社会上的表现也必然略胜一筹。尤其是在今天这个竞争日趋激烈、知识爆炸、人际关系复杂的社会中，情商对于成功的意义更为重要。美国的一项权威调查就显示，近20年来，该国政界和商界成功人士的平均智商仅在中等，情商却很高。

而其中的奥秘就在于：

高情商完善性格

有过人的智慧的确是一个幸事，并非所有的成功都会来自你的智力，更重要的是，你要发现自己的不足，让你的性格和情绪得以完善。只有这样，你才能在事业中不断前进，实现自己的成功。你可以毫不怀疑地相信：成功者其实就是善于调节自己情绪的人。而一个高情商的人，就是一个善于管理自己情绪的人，他能够巧妙地把理智和情感结合起来，让自己在通往成功的路上不断完善。

莫奈正是这样一个人。

十年前的莫奈，还只是一个汽车修理工。一天，他在报纸上看到休斯敦一家飞机制造公司正向全国广纳贤才，就决定前去一试。

当莫奈到达休斯敦时已是晚上了，面试就在第二天进行。而改变也就是在这一晚发生。

独坐在旅馆的房间里，莫奈脑中闪现出自己多年的生活经历，一种莫名的惆怅也涌上心头："我并不是一个低智商的人，为什么我老是这么没有出息？"接着，他把自己与身边那些成功的人相比较，最后发现，自己分明缺乏一种特别的东西，那就是性格情绪经常对自己产生很大的影响。

凌晨三点的钟声已经敲响了，可是莫奈却没有一丝睡意，反而思绪更清晰了。他第一次看清了自己的缺点：发现过去很多时候自己不能控制情绪，比如爱冲动、遇事从不冷静，甚至有些自卑，不能与更多的人交往等。

就这样，整个晚上他都坐在房间里检讨。最后，他作出了一个令自己都很吃惊的决定：自今往后，决不允许自己再有不如别人的想法，一定要控制自己的情绪，全面改善自己的性格，塑造一个全新的自我。

天亮了，莫奈一身轻松，像换了一个人似的，怀着新增的自信前去面试。很快，他被顺利地录用了，并在此后再三得到升迁。几年后，公司重组，莫奈分得了可观的股份。

莫奈的成功就是因为他自己的醒悟，在没有认清自己的缺点之前，他是一个低情商的人。当他认清自己并努力改变的时候，他离高情商已经不远了，所以他成功了。

高情商激活潜能

一个人一旦能对内在的力量加以有效的运用，他的生命便永远不会陷入卑微贫困的境地，成功的根本原因就在于开发了无穷无尽的潜能。一个情商高的人，往往会时刻反省自己、调整自己、激励自己，而这正是开启心智的钥匙、激发潜能的要诀，是获得成功的力量来源。

黄美廉的故事就是一个很好的证明。

黄美廉是一位自小就患上脑性麻痹的病人，因此，她从小生活在诸多肢体不便和丧失讲话能力中。然而身体的痛苦及周围异样的眼光，并没有击败她内在奋斗的精神，她昂然面对，迎向一切的不可能，最终获得了加州大学艺术博士学位。

一次演讲中，全场的学生都被黄美廉博士不能控制自如的肢体动作震慑住了。于是，一个学生小声地问：“请问黄博士，你从小就长成这个样子，请问你怎么看你自己？你就没有怨恨过吗？”

问题一出，很多人担心黄美廉会受不了。那我们看看博士是怎么说的吧。

“我怎么看自己？”黄美廉用粉笔在黑板上重重的写下这几个字。接着，她停下笔来，歪着头，回头看着发问的同学，然后嫣然一笑，回过头来，在黑板上龙飞凤舞地写了起来：

一、我好可爱

二、我的腿很长很美

三、爸爸妈妈这么爱我

四、上帝这么爱我

五、我会画画！我会写稿

六、我有只可爱的猫

……

忽然，教室内鸦雀无声，没有人讲话。她回过头来定定地看着大家，脸上有一种永远也不被击败的傲然。再回过头去，她在黑板上写下了结论：“我只看我所有的，不看我所没有的。”

掌声在学生群中响起，很长时间都没有平息。

黄美廉，一个身受残疾折磨，没有说话能力和肢体活动困难的人，却获得了博士学位，靠的就是自我激励精神。无论在什么时候都懂得自我激励的人，才能最有可能收获成功。而这个积极的动力正是高情商者的基本能力。

高情商创造魅力

一个人的成败和你处理事情的结果，往往与他人对你的情绪反馈有着直接联系。一个高情商的人，最会察言观色，也不怕折面子，情绪的正负反应都是双方的，让人跟你急不难，难的是怎么让他觉得羞愧于你，并且愿意和你合作。

当选美国总统之前，年轻的富兰克林曾把所有的积蓄都投资在一家小印刷厂里。当时，这个小印刷厂的业务不是太多且不稳定，因此他很想获得为议会印文件的工作。

可是没想到，出现了一个非常不利于他的情况：一个有钱又很能干的议员，非常不喜欢富兰克林，对他有偏见，还公开斥骂过他。而且这个议员在议会中的影响力很大，因此谁也不敢把印刷文件的工作交给富兰克林的印刷厂，唯恐得罪了这个人。

这让富兰克林明白，要真正想接下这笔业务，必须让那个议员喜欢自己。

经过了解，富兰克林得知这位议员非常喜欢那些博览群书的人，只要谁喜欢读书，他就认为这个人很有上进心，很值得交往。富兰克林又听说他的图书室里恰好有一本非常稀奇而特殊的书。于是，富兰克林就给议员写了一张非常有礼貌的便笺，希望能向他借这本书，希望让他仔细阅读一番。那位议员收到便笺后想了想，便把那本书借给了富兰克林。大约过了一个星期的时间，富兰克林将那本书还给他，还写了一封热情洋溢的信，强烈表达了自己的谢意。

后来，当两人又在议会碰面时，这位议员居然主动跟富兰克林打招呼，并且极为有礼。自那以后，富兰克林与他成了很好的朋友，只要富兰克林提出需要帮助，他就欣然为之，一直到他去世为止。

富兰克林的经历就在向我们展现一个高情商者的魅力，他能够发现他人的情绪，并利用他人的情绪，从而提升了自己的影响力，助力自己成功。

总之，情商与一个人的成功息息相关，是否具有较高的综合素质，能不能成为情商的主人，将决定一个人能否充分地发展自己、能否立足于社会、能否生活得幸福。许多人一直生活在社会的底层，并不是因为他们的智商有问题，而是因为他们没有意识到情商在一个人成功路上的重要性。当你通过自身的努力成为一个情商高手时，你离成功的彼岸也就不远了。

情商是你困境中的救命稻草

该来的总归会来，一旦它来了，你就必须勇敢地去面对。最终决定我们命运的不是能力，而是我们自己的选择。

——J. K. 罗琳

人生的道路大多坎坷不平，天灾人祸、生老病死、悲欢离合是人之常情，在挫折与困难面前跌倒也是很正常的。关键是你能否重新站起来，不被困难所击倒。

纵观人类历史，凡成大业者无一不是历经磨难而勇往直前的。古有司马迁在身受宫刑大辱后，完成了史学巨著《史记》；今有史蒂芬•威廉•霍金患上会使肌肉萎缩的卢伽雷氏症后，成为在世的最伟大的科学家；中国有曹雪芹在家破人亡后，著成《红楼梦》；国外有贝多芬在双耳失聪的情况下，“扼住了命运的喉咙”，创作了著名的《命运交响曲》……在种种磨难面前，他们没有低头，反而迎难而上，走出了生活的泥沼，靠的就是情商这根“救命稻草”。

接受现实是高情商的体现

生活中，有很多事情是我们不能把握和控制的，我们就只能接受，接受遭遇的不公，接受生活的真相。就像我们打扑克的时候，无论抓到的是一手好牌还是烂牌，都要想办法，发挥出最高的水平去赢。再多的抱怨也无济于事，勇于接受生活真相的人，才能成为真正的强者。正如泰戈尔所说，不要让我祈求免遭危难，而是让我大胆地面对它们。而这正是一个人高情商的体现。

现实生活中，面对苦难、挫折，很多人会习惯性地抱怨、妥协，甚至绝望。但实际上，苦难并不是我们的仇人，反而是我们的恩人。因为我们每人都有一种逆反的心理，这种逆反的心理在人体里发展了反抗的力量。正是苦难与障碍的出现，使得我们体内克服障碍、抵制苦难的力量得以发展。这就好像山上的橡树，经过千百次暴风雨的摧残，非但不会折断，反而愈见挺拔。同样，人们所承受的种种痛苦、磨难，也是在启发人们的才能，锻造人们不屈的斗志。正如斯潘琴所说："许多人的生命之所以伟大，就来自他们所承受的苦难。"

喜欢篮球的人一定知道，黄蜂队有一位身高仅1.60米的运动员，他就是NBA最矮的球星——博格斯。

博格斯非常喜爱篮球运动，却天生身材矮小，经常受到在一起玩球的伙伴们的嘲笑。不过，这并没有打消他对于篮球的热情。博格斯一直苦练球技，虽然自己的身高不如其他队员，但是每次自己所在的队伍总是赢球，博格斯也逐渐成为了球队的明星。"业余球星"根本不是自己的篮球理想，博格斯的野心更大了，他想进入NBA，但是面临着更严峻的考验——1.60米的身高能打好职业赛吗？博格斯横下一条心，个儿矮也能闯天下。"别人说我矮，反而成了我的动力，我偏要证明矮个子也能做大事情。"而事实也正是如此，博格斯顺利进入了夏洛特黄蜂队（当时名列NBA第三），在他的一份技术分析表上写着：投篮命中率50%，罚球命中率90%。

即便是对普通的男人来说，身高1.60米，也是一种缺憾。但是博格斯却接受了自己的身材矮小这个无法改变的事实，毫不气馁，自信而努力地在“高人如林”的篮球场上竞技，并且跻身大名鼎鼎的NBA球星之列。

所以，不要再抱怨上天给予自己的不够多，也不要再抱怨自己的命运是如何的坎坷，很多有所成就的人，比如霍金、贝多芬、海伦•凯勒，并不是因为上天多么垂青他们，而是因为他们勇于接受事实，接受生活的磨难。

意志坚定是高情商的标志

接受现实，并不等于束手接受所有的不幸。一个真正勇敢的人，愈为环境所迫，反而愈加奋勇，昂首挺胸，意志坚定；他敢于对付任何困难，轻视任何厄运，嘲笑任何障碍，因为贫穷困苦不足以损他毫发，反而增强了他的意志、品格、力量与决心，这使他成为所有人中最卓越的人。而这种战胜困难的力量，绝不是智商可以带给你的，只有情商才能给你坚强的意志。

对此，美国心理学专家、研究者培训咨询专家保罗•斯托茨博士进行了为期10年的研究。自上世纪90年代初开始，连续10年间，他在1500项研究结果中发现：在刚做完手术，生死未卜的患者中，情商高的患者，度过危险期的几率更大，身体恢复得也更快。他指出，生死攸关时，高情商的人更善于察觉自己惊慌、恐惧的情绪。之后，他们会尽快清除这些不良情绪，把寻求解决之道作为最紧要的任务。同时，他们又能执著于某个目标，此时，争取胜利的希望就成了他们坚持的动力。

1967年夏天，美国跳水运动员乔妮·埃里克森遭遇了改变她人生的一跳，她在跳板上滑倒了，就此断了她通向跳水冠军领奖台的路。因为这次事故造成了她全身瘫痪，只剩下脖子可以活动，她将终生都不能离开轮椅了。

这样的现实让乔妮痛苦不堪，甚至一度让她失去了继续生活的希望。不过几个月以后，乔妮就冷静了下来，她开始思考人生的意义和自己的价值，并阅读了大量励志方面的书籍。在这期间，乔妮的思想发生了很大的改变：她发现自己并不是最不幸的人，这个世界上每天都有悲剧发生，有很多像她这样的人，最后做得也很成功。

一番思索之后，乔妮做了一个决定：中学时代，绘画曾是她的爱好，她决定以口代手，衔笔作画。

这是一个非常艰辛的过程。读书对她来说就很不轻松了，因为她需要用嘴含着竹签来翻书页，更别提绘画了。为了积累绘画的素材，她常常乘车外出，拜访大师。练习的过程中，她常常将自己关在屋子里，不要任何人帮忙。

家人见她这么辛苦，常对她说："乔妮，不要为难自己了，我们会养活你的。"但她是那么的倔强、自信，她决心要靠自己的能力生活。经过几年的坚持，乔妮的风景油画已经可以在画展上展出了，并得到了专业人士的认可。这时，有记者建议她将自己的经历写成故事告诉更多人，这让乔妮很高兴。但同时，她也发现，自己要表达思想竟是如此不顺利，于是，乔妮又开始了文学的学习之路。

这又是一个艰辛的过程，终于在1976年，她的自传《乔妮》问世了，她收到了数以万计的读者来信。两年之后，她又以自己的亲身经历为题材，写了一部告诉残疾人应该怎样面对生活的励志作品《再前进一步》。后来，这部作品被搬上银幕，影片的主角就由她自己扮演，她成了青年们的偶像，成了千千万万个青年自强不息的榜样。

乔妮在困境中无所畏惧，正是高情商的标志。软弱的、低情商的人会输给苦难，他们总是哭哭啼啼、悲悲戚戚的怨天尤人，这样就会丧失本性，成为无用之人。而坚强的、高情商的人，即使受了折磨，也能忍耐，无论多苦也咬紧牙关，敢于正视现实、勇于与现实作斗争。

也许贫困的生活像枷锁一样正困扰着你，也许无法逾越的困难像大山一样正压得你喘不过气来，但只要你抓住了情商这根救命稻草，停止你的抱怨，坚定你的意志，让烦躁的心情平静下来，你就有走出困境，获得成功的机会。

爱的钥匙握在情商手中

爱不是寻求最完美的人，而是完美地看待一个不完美的人。

——萨姆·肯

一把坚实的大锁挂在大门上，一根铁杆费了九牛二虎之力，还是无法将它撬开。钥匙来了，他瘦小的身子钻进锁孔，只轻轻一转，大锁就“啪”地一声打开了。铁杆奇怪地问：“为什么我费了那么大力气也打不开，而你却轻而易举地就把它打开了呢？”钥匙说：“因为我最了解它的心。”对于我们人类也是一样，要进入对方的心里，就要把自己变成一把爱的钥匙，而这把爱的钥匙就握在情商的手中。

出现问题时：用情商沟通——穿起两颗相爱的心。

来自不同家庭、不同生活习惯的男女，形成了不同的价值观，如果不能运用情商进行有效沟通，则很难走到一起，也很难幸福。

有一对小夫妻，觉得彼此之间实在是存在太多的问题需要解决了，于是决定在这一天坐下来好好地谈一谈。

妻子先开口了："你有多久没有回家吃晚饭了？"

丈夫也不甘示弱："你有多久没有起床做早饭了？"

妻子接着说："你不回家陪我吃晚饭，我有多寂寞啊。"

丈夫也说："你不给我做早饭吃，你知道上午工作时我多没有精神，上司已经批评我好几回了。"

"早饭你可以自己弄的啊，每天回来那么晚吵我睡觉，我怎么能起得来。你可以不回来陪我吃晚饭，我就可以不给你做早饭。"妻子不高兴地说。

丈夫也没有好气地说："你知道我一天上班有多辛苦，压力有多大。一个晚饭，自己吃怎么了，难道你还是孩子，要我喂你不成？"

妻子抱怨说："你总是喝得烂醉而归，有多久没有给我买花，多久没有帮我做家务了？"

丈夫也抱怨："你知道你做的饭有多难吃，洗的衣服也不是很干净，花钱像流水，有多久没有去看我的父母了？"

……

就这样，夫妻二人你一句我一句地互不相让，最后竟翻出了结婚证要去离婚。

在路上，这对小夫妻遇见了一对老夫妇，他们正相互搀扶慢慢走着，老公公提着一大兜菜，老妇人则在旁边不时掏出手帕给老公公擦额头上的汗。看到这个情景，小夫妻想起了结婚时的誓言："执子之手，与子携老。休戚与共，相互包容。"可是现在竟然……于是他们又有了下面的对话：

丈夫说："亲爱的，我真的很想回家陪你吃饭，可是我实在工作太忙，常常应酬，并不是忽略你啊。"

妻子不好意思地说："老公，我也不对，不应该那么小气，你在外工作挣钱不容易，早上我不应该赖床不起的。"

"早饭我可以自己热，每天回家那么晚一定吵你睡不好觉，你应该多睡会儿的。”

妻子也忙检讨自己……

就这样，离婚风波平息了。而且从这之后，夫妻俩变得互敬互爱，彼此宽容忍让，更多地为对方着想，恩恩爱爱。

可见，要想让爱情“天长地久”，只有良好的沟通才能肩负起这个使命。如果你还没有达到这个水平，就要用情商技巧来改变现状：

宽容：导致婚姻失败、爱情终结的常常都不是什么大事，而是一些日常琐碎小事中的摩擦，无休止的埋怨。而埋怨只能让彼此疏远，让爱情更早地被葬送。宽容才能让彼此互相交流、融洽，宽容才能让感情更融洽。

道歉：要想解决问题，最好的方法就是道歉。或许有人觉得道歉就是懦弱，事实上不是这样，勇于道歉的人才更伟大。道歉能打开沟通的大门，让问题变小，能使双方互相理解、互相尊重。

坦诚：勇敢地告诉对方，你需要他（她）做些什么，但不必要求太多。当你学会表达和承担自己的感受时，对方便无法忽视你的存在。此外，还要如实把自己的感受告诉对方。假如你对什么事感觉不舒服，或者担心什么，就坦诚地说出来，但是，最好不要用“你不应该这样做”、“我不希望你这样做”，而是应该说“我觉得如果你这样做，事情会怎么样”。

换位思考：激动的时候，人就会失控，会说连自己都不知道的话，这时，最好休息休息，换位思考一下，不要把自己的想法强加于人，要给予对方解释的机会，这样才能让婚姻更完美，幸福更长久。

也许你们的情感很牢靠，但是，没有人能保证永远没有烦恼和分歧。如果你学会了运用情商来处理分歧、进行沟通，一定能够使爱情贫困期推迟产生或避免出现，使爱情不断绽开迷人、绚丽的花朵。

日常相处时：用情商磨合——让相爱的人相扶到老。

夫妻关系是人世间所有关系中最微妙的关系，如果当事人善于经营，那么它就是最美丽的花朵，最后还会结出丰硕的果实；相反的，处理不好，那么它就会成为人世间最荒芜的坟茔。

圣诞节前夕，为了和家人团聚，一个美国男士兴冲冲地从异地乘飞机往家赶。在他一路怀着对团聚的憧憬中，老天却变脸了，这架飞机在空中遭遇猛烈的暴风雨，飞机脱离航线，上下左右颠簸，随时随地有坠毁的可能。

所有乘客惊恐万状，空姐也脸色煞白，许多乘客甚至写好遗嘱交给空姐放进一个特制的口袋里。或许是大家的祈祷感动了上帝，飞机最终在驾驶员的冷静驾驶下平安着陆了。

回到家后，这个美国男士异常兴奋地向妻子描述着飞机上遇到的险情，他不停地满屋子转着、叫着、喊着……可是他叫喊了一阵之后，却发现根本没有人听他倾诉，他的妻子正和孩子兴致勃勃地分享着节日的愉悦，对他经历的惊险没有丝毫兴趣。他死里逃生的巨大喜悦与被冷落的心情形成强烈的反差，在他妻子去准备蛋糕的时候，这个美国男士却爬到阁楼上，用上吊这种古老的方式结束了从险情中捡回的宝贵生命。

每个人在烦恼和喜悦后都有一份渴望，那就是对人倾诉，他希望倾听者能给予理解与赞同，然而那位美国男人的妻子却没有做到，可以说这场悲剧的发生，很大程度上是由于妻子的低情商而导致的。

白头偕老不是一句空泛的誓言，而是融入我们每一天的生活细节里的行动。夫妻之间朝夕相处，如果有情商作润滑剂，一定会让生活更美好，家庭更和睦。下面是几点建议：

倾听：每个人在烦恼和喜悦后都有一份渴望，那就是对人倾诉。因此，懂得倾听，不仅是关爱、理解，更是调节双方关系的润滑剂。运用倾听技巧，尤其要倾听言语背后的情绪。倾听不只包含听到对方说什么，还要观察到对方非口语行为所蕴涵的意义，注意到其手势、表情、神态、声调、身体动作，当一个人心口不一时，往往可从非语言信息看到真正的含义。然后对于所听到、观察到的，给予适当而简短的反应，让对方知道你在听，也会让对方感受到尊重。

表达：爱情是需要表达的，要想让对方充分感受到你的爱，那就要大声地告诉他（她）“我爱你”。或许你会问，既然两个人已经相爱，还有必要说出口吗？当然。而且你要知道，两个人相处得越久，一句真诚的表白越显得浪漫。高情商者之所以能牢牢俘虏住对方的心，就是因为他们往往会边说边做，让爱人既能看到自己的行动又能明白自己的心意；而低情商者，尽管付出的爱并不少，但通常换不到相应的理解和回报，就是因为他们不懂得将爱说出来。

总之，爱情的成功还暗含着很多原因，包括我们要有付出的能力、理解的能力、宽容的能力和自我承担的能力等等，而这所有的能力都需要你的情商来发挥作用。

情商让你在人际交往中如鱼得水

情商比智商以及任何职业能力都更重要。

——丹尼尔·戈尔曼

在现实生活中，我们会发现，有的人人际关系很好，与人相处如鱼得水；有的人则人际关系不良，朋友很少或根本没有朋友。究其原因，这种差异的产生和人们的情商关系最为密切。

情商与影响力

在人际交往中，人与人之间不仅仅是沟通与交流，有的时候就是意志力与意志力的一种对抗，不是你影响别人，就是被别人来影响，没有影响力的人只会生活在他人的阴影下。

那么什么是影响力呢？影响力不同于能力，能让其他人在短期的实践中感觉到，更不同于智力可以评估出来。它是一种独特的魅力，能时时刻刻影响着周围的人，它还是一种让人乐于接受的控制力，是一个人在群体中价值的集中体现。而高情商者一个最显著的表现，就是能运用自己娴熟的交际能力，给人造成很强的影响力。

拿破仑发动一场战役只需要两周的准备时间，换成别人则会需要一年，这中间之所以会有这样的差别，正是因为他那无以伦比的影响力。战败的奥地利人目瞪口呆之余，也不得不称赞这些跨越了阿尔卑斯山的对手："他们不是人，是会飞行的动物。"

拿破仑在第一次对意大利的行动中，只用了15天时间就打了36场胜仗，并占领了皮德蒙德。在拿破仑这次辉煌的胜利之后，一位奥大利将领愤愤地说："这个年轻的指挥官对战争艺术简直一窍不通，用兵完全不合兵法，他什么都做得出来。"但拿破仑正是用他的高情商让他的士兵跟着他从一个胜利走向另一个胜利的。

拿破仑的影响力之大，大到可以让很多人为了他冒着放弃可贵生命的危险，足见其影响别人情绪能力之高。因此，我们要想增加自己的影响力，一定要培养自己的情商，这样才能控制自己的情绪，还能影响到别人的情绪，从而形成较强的影响力。

情商与亲和力

我们知道人际关系有一个重要的特点，那就是具有情感的基础，因此人与人相处，必然会有亲近与疏远、合作与竞争、友好或敌对等关系。要想让别人认可你，并一直愿意与你建立友好的人际关系，亲和力往往在其中起着非常重要的作用。

那么亲和力哪里来？

就是从情商中来。高情商者必定拥有非凡的亲和力。这就像我们初次见到一个人时，通常感到他（她）身上有一种独特的力量，迫使我们无法不喜欢他（她）。这种神秘的力量就是亲和力，我们就是在亲和力的感染下走近他（她）的。

劳伦是位来自洛杉矶，经验丰富的女商人。她有着时髦的行头，讲究品位。劳伦因为想放慢生活节奏、得到更多的归属感，而搬到西南部的一个小城镇。尽管她喜欢这个城市和这里的居民，但是她不受欢迎。最终，她的同事给她指出，她的穿着和交谈方式让当地人觉得她在装腔作势，高人一等。从那以后，劳伦特意穿得很随意，与人谈论当地的事情，多参加社交活动，试着让自己更加容易接近。虽然一开始她很不舒服：不习惯穿咔叽布，不习惯谈论经营牧场。但是她发现，她与新邻居和同事更加容易交流了。

其实，这就是亲和力产生的巨大力量，而这个亲和力正是劳拉运用了情商的结果。

情商与领导力

伟大的领导者感动我们，他们点燃我们强烈的感情，并且激发我们心中最美好的情感。当我们试着去解释他们为什么会如此卓有成效的时候，我们会谈到策略、远见或者强有力的思想。但是，事实却是更加本质而原始的——伟大的领导是通过情商来发挥作用的。

有位老总平时看不出与别的老板有什么区别，有一件事却让所有人都感叹他是个情商高手。你瞧瞧他是怎样发红包的吧：

他把员工一个个叫到董事长办公室，常常在员工答礼完毕，正要退出的时候，他叫道：“请稍等一下，这是给你母亲的礼物。”说着，他给员工一个红包。待员工表示感谢，又准备退出去的时候，他又叫道：“这是给你太太的礼物。”连拿两份礼物，或者说拿到了两个意料之外的红包，员工心里肯定是很高兴的，鞠躬致谢，最后准备退出办公室的时候，又听到董事长大喊：“我忘了，还有一份给你孩子的礼物。”第三个意料之外的红包又递了过来。真不嫌麻烦，2个红包合成一个不就得了吗？可是，合在一起，员工会有意外之喜吗？

这位老总真不愧是位出色的领导，其实他并没有多花一分钱，却买到了员工的心。这就是他出色地将个人的高情商与领导力完美结合的最好例证。这是一个高情商领导，这样的做法不仅让自己有领导魅力，这样，每一位员工都会死心塌地地跟着他。

当然，人际关系不止这几方面，它还包括倾听与沟通的能力，处理冲突的能力，合作与协调的能力，说服与影响的能力，处理人际关系的能力，展示自己的能力，影响他人的能力等等。但不管是哪种能力，都与情商有着密不可分的关系。

第三章 认识你自己——衡量一下自己的情商

我们已经知道，情商的特性比较复杂，囊括了很多的品质，因此，决定了它很难有一个准确的评估标准。不过，衡量情商的起点可以是一个简单的基本能力的测试。通过这些测试，你可以初步认识自己现在的情商水准。

EQ

上篇 情商的秘密：不做聪明的“傻子”

对自我情绪认知能力的衡量

情商的核心前提是“认识自己”，辨认和开阔地接纳自己的情感正是现代情商的组成部分。

——卡尔·罗杰斯

自我情绪认知能力是情商的基本能力之一。高情商的一个重要标志就是能习惯性地觉察自我情绪的变化，并根据环境条件积极主动地调适自己的心理、判断情绪的影响、做出合适的行为反应。

美国王牌节目《奥普拉·温弗瑞脱口秀》节目制片、主持人奥普拉·温弗瑞就是这样一个高情商的人。她的一个优势就是时刻让自己和他人保持沟通，清楚自己要的是什么，清楚自己的感受，同时观察他人，并获得他人的认可与欢迎。奥普拉能和别人心心相印，让对方有安全感，感到安心舒适，所以我们说她是一个高情商的人。

畅销书《情商优势》的作者斯坦和布克也说，“情绪的自我察觉是构建其他多数情商能力的基础。”所以，如果我们想要衡量自己的情商有多高，就有必要首先衡量一下自我对情绪的认知能力有多强。有三种途径：

自觉：借助他人评价来认识自己

中国有句古话：“当局者迷，旁观者清。”用在这里也就是说，正确认识自我，我们就要借助于他人对自己的评价。而且，与自己的主观认识相比，他人的评价相对要客观很多。假如一个人的自我评价与周围人的评价比较相近，说明他的自我认知能力较好；反之，则说明他在自我认知上有偏差，有待于进一步调整。

但要注意，我们在听取他人对自己的评价时，也要保持认知上的完整性。例如我们可以听取父母、亲戚、老师、同学、朋友等各种不同年龄、不同性别、不同职业的人的评价。因为长期的交往使我们在他们心目中已形成特有的认识，且这些人与自己无利害冲突，因此，他们的意见大都很中肯、客观。

我们也不能完全依靠他人评价来认识自我，因为一旦把个人情商建立在他人身上，我们就会面临严重的自我束缚。我们不应只考虑自己的心理需要，只在意某一方面的评价。只有全面听取、综合分析，我们才能恰当地对自己作出评价和调节。有的人通过他人的看法来评价自己，并为得到他人的良好评价而奉承、迎合，这是极不可取的。

自省：借助生活阅历来了解自己

要说最了解自己的人，其实还是自己。高情商者通常能敏锐地察觉出自己的情绪变化，理解情绪所传达的意义，找出某种情绪和心境出现的诱因，并做出恰当的调节，以便始终保持良好的情绪状态。低情商者则往往不能及时地认清自己情绪产生的原因，也不能有效地进行控制和调节，所以会被消极情绪影响很长时间。

要想发现自己的情绪特点，有一个最简单的方法，那就是借助成功或失败的经验教训。因为成功和挫折最能反映一个人的性格情绪，因此，也最能让人发现自己的情绪特点。当你开始观察和注意自己内心的情绪体验时，就说明情商正在发挥积极的作用。然后在自我反省中重新认识自我、调整情绪，这才是一个高情商的人应该做的。善于了解自己情绪的人，他能将自己的情绪调节到一个最佳状态，能轻而易举地将他人的情绪纳入自己的主航道，这样一来，在交往和沟通中自然会顺利很多。如强有力的领袖人物、富于感染力的艺术家，他们对情绪的敏感度都很高，善于调整自己的情绪、调动他人的情绪。

自测：通过心理测试来衡量自己

这里有15道选择题，每题有A、B、C、三个备选项目。你在理解每道题的题意后，必须尽可能快地选择最符合或最接近你实际情况的那个项目，不要猜测哪个答案是“好”的或者“不好”的，以免测验结果不准。

1. 当你烦躁不安时，你知道是什么事情引起的吗？

A. 很少知道

B. 基本知道

C. 有时知道

2. 当有人突然出现在你的身后时，你的反应是：

A. 感受到强烈的惊吓

B. 很少感受到惊吓

C. 有时感受到惊吓

3. 当你完成一项工作或学习任务时，你感觉到轻松吗？

A. 没有什么特别的感觉

B. 经常有这种体验

C. 有时有这种体验

4. 当你与他人发生口角或关系紧张时，你是否体验到自己的不快呢？

A. 能够

B. 不能够

C. 说不清楚

5. 当你专心致志地从事某项活动时，你知道这是你的兴趣所致吗？

A. 知道

B. 不知道

C. 很少知道

6. 在你的生活中，你遇到过令你非常讨厌的人吗？

A. 遇到过

B. 没遇到过

C. 说不清楚

7. 当你与家人或亲朋好友在一起的时候，你感到幸福和快乐吗？

A. 感觉不到

B. 说不清楚

C. 是的

8. 如果别人有意为难你，你感觉如何？

A. 没有什么感觉

B. 觉得不舒服

C. 感到气愤

9. 假如你排队买东西等了很长时间，有人插队到你面前，你感觉如何？

A. 没有什么感觉

B. 觉得不舒服

C. 感到气愤

10. 假如有人用刀子威胁你把所有的钱都交出来，你会感到害怕吗？

A. 不害怕

B. 害怕

C. 也许害怕

11. 当别人赞扬你的时候，你会感到愉快吗？

A. 说不清楚

B. 愉快

C. 不愉快

12. 你遇到特别令你佩服和尊敬的人了吗？

A. 遇到过

B. 说不清楚

C.没有遇到过

13.假如你错怪了他人，事后你感到内疚吗？

A.不知道

B.内疚

C.不内疚

14.假如你认识的一个人低级庸俗，但却好为人师，你是否会瞧不起他？

A.不知道

B.是的

C.不会

15.假如你不得不与你深爱的朋友分手时，你会感到痛苦吗？

A.说不清楚

B.肯定会

C.不会

评分标准：

请你根据自己的选择，再对照下面计分表算出自己的得分。

1-15题每个选项对应得分分别是：

A：1、3、1、3、3、3、3、3、3、1、2、3、2、2、2

B：3、1、3、1、1、2、2、1、1、3、3、2、3、3、3

C：2、2、2、2、2、1、1、2、2、2、1、1、1、1、1

结果解析：

麻木型（15～20分）：

这种类型的人很少有情绪冲动，对喜、怒、哀、乐等基本的情绪缺乏明确的区分。他们一般表现为冷漠无情，不能与他人进行正常的情感交流，是一种病态症状。

适中型（26～35分）：

这种类型的人一般能够识别自己的情绪冲动，能够区分各种基本情绪，但不能区别一些性质相似的情绪。例如，不能区分愤怒、悲哀、嫉妒等不同的情绪，只是体验为“难受”。

敏感型（36～45分）：

这种类型的人能够准确、细致地识别自己的情绪，并能够认识到情绪发生的原因。一般来说，敏感型的人最有可能成为一个高情商的人，这种人情绪丰富而复杂，心理健康，为人处世积极乐观，就算情绪低落时，他们也不会辗转反侧、自我纠结，他们可以有效地管理自己的情绪。但也要避免出现下面几种情况：虽然能清晰地识别到自我情绪状态，但却采取“不抵抗主义”，被动地接受各种消极情绪，典型的将发展为抑郁症；整天总是乐呵呵的，对各种情绪采取轻描淡写的态度；被卷入自己情绪的狂潮中无力自拔。

总之，衡量自我认知能力的最大价值，就是能够使人更加充分地认清自己，从而灵活而充分地发挥情商的作用，产生理想的效果。这是一个人从低情商过渡到高情商所必须具备的能力。

对自我约束能力的考察

控制感情的冲动，而不是屈从于它，人才有可能得到心灵上的安宁。

——托马斯·曼

自我约束表现为一种自我控制的感情，也就是要一个人按理智判断行事，克服追求一时感情满足的本能愿望。这是情商的一个重要内容。

一个真正具有自我约束能力的人，即使在情绪非常激动时，也是能够做到这一点的。对自我约束，看似不自由，殊不知，为了获得真正的自由，必须有意识地培养自我约束的能力。因为自由并非来自“做自己高兴做的事”，或者采取一种不顾一切的态度。能够战胜自己的感情，才证明有控制自己命运的能力。

缺乏自我约束能力的人是可怕的，如果任凭感情支配自己的行动，那就使自己成为了感情的奴隶，不但他的思想会肆意泛滥，行为更会如此。例如有人喝酒成瘾、上网成瘾等，无一不是缺乏自我约束的表现，而这样的人是不会得到命运的眷顾与垂青的。高情商的人总会给自己的情绪设置一个阀门，因此他们总会做到挥洒自如，能赢得卓越的人生。

学生时代的小布什十分放荡不羁。他学习成绩一般，但对于吃喝玩乐他却样样在行，可以说就是一个缺乏自制力的人。平时他除了与他那帮“狐朋狗友”四处游荡之外，无所事事。他最大的喜好便是开着自己那辆哈雷·戴维斯摩托车，带着时髦的女孩，在大街上飙车。除此之外，每天晚上，他总是泡在各色舞厅里，不到深夜不会回家，而且每次都是醉醺醺的。

父亲老布什曾经多次谆谆教导他，但每次都被他当作耳旁风，小布什依然故我。直到有一天，一个很特别的姑娘出现在他面前，她的美丽和纯洁一下打动了“花花公子”小布什。

在这位姑娘的影响之下，小布什警醒了，他慢慢克制住自己的放浪行为，奋发努力，投入政界。经过一番奋斗，他终于在2000年击败了戈尔当选为美国总统，成就了自己的辉煌。

正如巴尔塔萨•格拉西安所说：“首先控制你自己，然后你才能控制别的人。”小布什的经历就给了我们一个很好的启示。那些以为自制就会失去自由的人，对“自由”与“自制”的意义显然还没有深刻的领会。因为自我控制不是要以失去自由为代价，恰恰是为了保证最大限度内的自由实现。如果你不能约束自己，你就会被人约束，那么结果就非常残忍了，你一定会掉进情绪和欲望的悬崖，成为情商失控的人。因此，自我约束能力绝对是一种必须具备的能力。

我们在对自我约束能力进行考察时，可以采取下列方法：

从做事上考察自己

自我约束能力一般表现为两种：一是去做应该做而不愿或不想做的事情；二是不做不应该做而自己想做的事情。做到了这两点，你就会成为一个自我约束能力强的人了。

人们往往会遇到一些让自己讨厌或使行动受阻挠的事情，而在这种情况下，你是怎么做的呢？比如，刷牙洗脸是每天必须要做的事情，但是有一天你回到家筋疲力尽，如果你倒床就睡，这是在放纵自己的行为；如果你克服身体上的疲惫，坚持进行洗漱，这就是你自控的表现。再比如，如果你是一个喜欢抽烟的人，如能做到强忍欲望不再抽了也是一种自我约束能力的体现。

在测验中了解自己

这里有13道选择题，每题有A、B、C三个备选项目。请如实回答下列各题。

1. 你是否时常会怀疑别人对你的言行感兴趣：

A. 是的

B. 介于A、C之间

C. 不是的

2. 你神经脆弱，稍微一点刺激你就会战栗起来：

A. 时常如此

B. 有时如此

C. 从不如此

3. 早晨起来，你经常感到疲乏不堪：

A. 是的

B. 介于A、C之间

C. 不是的

4. 在最近的一两件事情上，你觉得自己是无辜受累的：

A. 是的

B. 介于A、C之间

C. 不是的

5. 你很善于控制自己的面部表情：

A. 是的

B. 介于A、C之间

C. 不是的

6. 在某些心境下，你会因为困惑而陷入空想，并将工作搁置下来：

A. 是的

B. 介于A、C之间

C. 不是的

7. 你很少用难堪的语言去刺伤别人的感情：

A. 是的

B. 不太确定

C. 不是的

8. 在就寝时，你常常：

A. 不易入睡

B. 介于A、C之间

C. 极易入睡

9. 有人侵扰你的时候，你会：

A.能不露声色

B.介于A、C之间

C.总要说给别人听，以泄己愤

10.在与人争辩或险遭事故后，你常常感到筋疲力尽，而不能继续安心工作：

A.是的

B.介于A、C之间

C.不是的

11.你常常会被一些无谓的小事所困扰：

A.是的

B.介于A、C之间

C.不是的

12.你宁愿住在嘈杂的闹市区，也不愿意住在僻静的郊区：

A.是的

B.不太确定

C.不是的

13.未经医生许可，你是从不乱吃药的：

A.是的

B.介于A、C之间

C.不是的

评分标准：

请你根据自己的选择，再对照下面计分表算出自己的得分。

1-13题，每个选项对应得分分别是：

A：2、2、2、2、0、2、0、2、0、2、2、0、2

B：1、1、1、1、1、1、1、1、1、1、1、1、1

C：0、0、0、0、2、0、2、0、2、0、0、2、0

结果解析：

心平气和（0～8）

你心平气和，通常知足常乐，能保持内心的平衡。但有时会过分疏懒缺乏进取心，你要增强自己的进取心，不能过分安于现状。

心理适中（9～15分）

你紧张适中，能完成自己的学习或工作任务，生活很充实;偶有高度紧张之感，可积极地加以控制和调节。

紧张困扰（16～26分）

你时常被紧张的情绪所困扰，缺乏耐心，心神不定，过度兴奋；你时常感觉疲乏，又无法摆脱。在集体中，对人和事都缺乏信任。每天生活战战兢兢，不能约束住自己。你可以认真地分析一下导致心理紧张的原因，如果是外来的，要设法克服;如果是内在的，应学会“忙里偷闲”，培养多方面的兴趣使自己绷紧的神经放松下来。

总之，这个世界上，没有人要把你变成什么样，只有自己能改变自己。对自我约束能力的考察，就是为了让你知道什么事该做，什么事不该做，该做什么的时候做什么，而这也正是高情商者应该具备的基本能力之一。

你的自我激励能力有多高

这世界除了心理上的失败，实际上并不存在什么失败。

——亨·奥斯汀

自我激励是一种神奇的力量，来自于心的力量，也是情商的重要内容之一。情商理论认为：自我激励从某种意义上说就是一种自我期待，人们激励自己的目的就是为达到所期待的目标。

对于一个情商高的人来说，自我激励意味着一个人应该“主动地追求”，他会主动完成自己的工作，而不是等着别人来安排或督促；对于一个情商高的人来说，自我激励也意味着“开放性学习”，只有具有开放性学习品质，才能接受新的知识，不断地完善和充实自己的知识结构，而一个意识完全封闭的人，不可能有什么发展和进步；对于一个情商高的人来说，自我激励更意味着“愈挫愈勇”，他会将困境视为机遇，坚定自己的信念，发挥想象力寻找更好的解决方案，而不是抱着“干得了就干，干不了就算了”的心态。

1924年，美国家具商尼科尔斯的家突然起火，大火把家里的一切烧得精光；也把他准备出售的家具烧光。大火只留下一片残存的焦松木。看着一片狼藉，他把双手死死地插在头发里，心情坏极了。突然，这烧焦松木独特的形状和漂亮的木纹把他的目光吸引住了，他竟然从这些焦松木上找到了转机。

正是这场意外的大火，烧出了尼科尔斯的灵气与希望。他小心翼翼地用碎玻璃片削去沉灰，再用沙纸打磨光滑，然后再涂上一层油漆，一种温暖的光泽和红松般清晰的纹路呈现眼前。尼科尔斯惊喜地狂叫起来，马上制作出仿纹家具，就这样，仿纹家具从此诞生了。大家都来争相购买他制作的家具，生意十分兴隆。有人评论说："尼科尔斯独具特色的家具像一只在火灰里死而复生的不死鸟一样蓬勃兴起。"一场大火给他带来灾难，同时也带来了新产品和金钱。现在尼科尔斯创造的第一套仿纹家具收藏在纽约州博物馆。

可见，我们每个人身上都蕴藏着一股巨大的能量，就看你能不能把它挖掘出来。很多时候，尤其是在平静、安逸的环境下，我们往往感觉不到它，甚至觉得自己能力有限，只能平庸地度过一辈子，只有面临特定的困境，我们才会将其开发出来，并加以利用，就像故事中的尼科尔斯一样。

其实，我们完全可以主动发掘自身的潜能，只要对自己充满信心，我们必然会令自己和他人刮目相看，学会了自我激励，我们就拿到了开启情商大门的钥匙，就打开了通向成功之路的大门。例如，如果你对目前的工作不满意，觉得薪水少、发展空间小，那你不妨试着突破自己、挑战自己，去应聘更好的职位；如果你羡慕别人有车、有房、有事业，那你不妨试着挖掘自身潜藏的能量，让自己也获得成功。要知道，你还有90%的潜能没有挖掘出来，你完全可以做得更好，多一些自信，我们的人生可能就会有新的转机。

你觉得自己在自我激励方面能得几分？做完下面这个小测试，你就会对自己这方面的能力有个初步的判断了。测试如下：

假如你是一个高中生，想在某门课程上获得优异成绩，但是，在期中考试时却考了不及格。这时候，你该怎么办呢？

A. 制订一个详细的学习计划，并决心按计划进行

B. 决心以后好好学习

C. 告诉自己这门课考不好没什么大不了的，可以把精力集中在其他可能考得好的课程上

D. 拜访任课老师，试图让他给你一个高一点的分数

结果解析：

A. 自我激励的一个标志是能制订一个克服障碍和挫折的计划，并能够严格执行它。你在这方面的情商值得赞扬。

B. 有句话叫“无志者常立志”，你好像正是这样的人呢！“明日复明日，明日何其多！我生待明日，万事成蹉跎。”为什么你总要把事情推到以后，而不从现在做起呢？

C. 和选A项者相似，你的情商值得认可。相信自己能行，这也是一种另类的自我激励。

D. 这种急功近利的做法不是长久之计。就算你这次如愿，那么下次呢？要知道不是每次靠投机都能够成功的。

如果你的自我激励不高，那也不要气馁，有很多方法可以帮助你开发潜能。你可以这样做：

逼自己一把

人都是有惰性的，真正能够卧薪尝胆、自我警醒的人少之又少。更多的人需要的是鞭策和当头棒喝式的促动，而“逼自己一把”就是“最自然”的好办法。

不逼自己一把，你永远不知道自己有多优秀。逼自己，就是战胜自己，必须更新自己的过去；逼自己，就是超越竞争，必须比别人更新。别人想不到，我要想到；别人不敢想，我敢想；别人不敢做，我来做；别人

认为做不到，我一定要做到。破釜沉舟，才会背水一战；逼得自己走投无路，才会想方设法。

勤学加苦练

勤学绝对是增加潜能基本储量及促使潜能发挥的最佳方法。知识丰富必然联想丰富，而智力水平正是取决于神经元之间信息连接的面和信息量。而此处的苦练特指专家为开发人的潜能而专门设计的练习、测验和训练等，多做有益。包括“潜意识理论与暗示技术”、“自我形象理论与观想技术”、“成功原则和光明技术”、“情商理论与放松入静技术”等等。

给自己诱惑

“喜新厌旧”、“这山望着那山高”是人的根本特性，如果对这种特性给予有益的暗示、引发、规划和培养，就能把潜能很好地释放出来。

从某种意义上来说，每个人生命意识里都在寻求更大领域、更高层次的发展。因此，有理性的自我，是绝不愿意停留在任何一种狭小的、有限的状态之中的，而总是想不断开拓，以取得更大的发展，从而更好地生存。这种炽热的、旺盛的发展需要，是渴望成功的表现，是潜能蓄势待发的前兆。给自己一个合理的“诱惑”，就能很好的将自己的潜能激发出来。

你是不是通情达理的人

当你认为别人的感受和你自己的一样重要时，才会出现融洽的气氛。

——吉拉德

在这个世界上，没有谁可以完全不必在意别人的看法，一个高情商的人，他必须具备基本沟通的能力，能设身处地考虑他人的情感感受和行为原因，具备换位思考的能力和习惯，理解和认可情感差别，能与自己的观念不一致的人和平相处，理解别人的感受，察觉别人的真正需要，具有同情心。简单来说，也就是我们平常所说的“通情达理”。

看看下面这个故事，你就明白通情达理的重要性了。

美国有一个叫克林顿的人，开了一个齿轮厂，由于他为人宽厚善良，慷慨体贴，善于交友，并跟客户保持着良好的关系，因此生意一直很好。不幸的是，这时突然爆发了一次经济大萧条，有将近90%的中小企业都倒闭了，而他的生意也不可避免的一落千丈。

克林顿觉得举步维艰，便想让那些朋友、老客户给出点主意、帮帮忙，于是他写了很多信。可是，等信写好后他才发现，自己居然连买邮票的钱都拿不出。这件事提醒了克林顿，他想：自己都没钱买邮票了，别人的日子又能好到哪里去呢？可能没人舍得花钱买邮票给自己回信。

然而，假如没有回信，自己又怎么能得到帮助呢？想到这里，克林顿有了主意：他变卖了家里的一些东西，用一部分钱买来了邮票，贴在要寄出的信上，并且在每封信里附上2美元，作为对方回信的邮资，希望对方给予指导。

克林顿的朋友和客户在收到信后，都大吃一惊，因为2美元能买的东西比一张邮票多得多。大家都被感动了，他们记起了克林顿平日的种种好处和善举。很快，克林顿就拿到了一些订单，还有朋友来信说计划给他投资，一起做点儿什么。

不久之后，克林顿的生意就恢复了生机，克林顿也成了在这次经济萧条中，少数几个站住脚而且有所成的企业家之一。

无疑，克林顿就是一个通情达理的人，他能“准确理解他人”并“准确表达他人的思想”，他就是靠他的高情商才得到了成功的机会。

现实生活中，我们经常抱怨自己不被他人理解，其实，换个角度去想，别人可能也有类似的感受。当我们希望得到他人的理解，心里说“他为什么不能站在我的角度想一想呢”时，我们不妨尝试先主动站到对方的角度思考，说不定能得到一种意想不到的答案，之前的矛盾、误会也可能迎刃而解。只有换位思考，才能达到“己所不欲，勿施于人”的效果；只有高位思考，才能达到“欲穷千里目，更上一层楼”的佳境。假如缺乏通情达理的能力，就说明你的情商出了很大的问题，需要培养这方面的情商。

那么，如何才能知道自己是不是一个通情达理的人呢？做做下面这个测试吧：

下面有18道题，请按自己的理解做出回答，每题选择一个答案。

1. 一群人自愿参加社会心理学家进行的有关电器治疗效果的实验。实验开始之前，他们之中有些人感到不安，有人比较镇定。实验开始前10分钟，那些坐立不安的人会采取什么行动？

A.希望在实验开始之前到隔壁房间等候

B.希望和同样感到不安的人一起等候

C.希望和镇定的人一起等候

D.既不想自己独处，也不想和别人一起等候

2.美国某个研究团体正在进行一项研究，想知道团体工作时，其中的外来分子对民主化的工作方式和权力主导型的工作方式，哪一个反弹力较大。

A.对权力主导型的反弹力较大

B.对民主化的反弹力较大

3.美国的社会科学工作者研究选举活动期间有选举权者的行动。他们想了解，有选举权的人把注意力放在支持的政党的宣传上还是他党的宣传上。有选举权的人行动是：

A.注意所有政党的宣传

B.主要注意他党的宣传

C.特别注意自己支持的政党的宣传

4.第一次碰面就非常讨厌这个人，如果再碰到他会如何？

A.让关系改变

B.本质不变

C.更讨厌他

5.社会心理学者想知道使人受影响的最有效的方法，因此召集了一群人举办一场让人有印象的演讲，说明为了提升工作效率，“速读”的重要性。一方面又聚集另一群人，和他们讨论有效率的“速读”能带来什么效果。然后社会科学工作者将结果进行比较，看哪一种方法更适合“速读”。

A.参加演讲的人愿意出席“速读”讲习会，但参加讨论的人少

B. 讨论的方式比较好，这群人也愿意参加“速读”讲习会

C. 看不出有何差别。不论是演讲或讨论，都有一定的人数参加“速读”讲习会

6. 美国某研究团体，和大学教授、一般民众、罪犯谈话并介绍他们，然后将这些内容完全相同的录音带放给不同人听。给听众最大影响的是谁？

A. 大学教授

B. 一般民众

C. 罪犯

7. 某个美国社会心理学家观察一个团体里的成员。团体评价最低的人在打自己擅长的保龄球时，水平慢慢超过评价最高的人。这时候团体中的成员反应如何？

A. 评价低的人很高兴自己受到肯定，能够稳固在团体中的地位

B. 评价低者的成功受到批判性地排斥。评价低者必须降低保龄球的分数，回到原来的工作排名，接受嘲弄、讽刺的折磨

8. 美国某个社会科学工作者想知道心情对观众有多大的影响。他要求被实验者画出正在沼泽里的年轻人的背影，同时还使用催眠术，让被实验者感到不安或幸福。在这两种心情影响下，他们会画出什么样的图呢？

A. 幸福的心情，幸福的画面。令人联想到那是夏天，在户外工作。真实的生活：种树，看着树长大。不安的心情：他们会不会受伤？应该有个知道如何应付灾难现场的老人和他们在一起才对，水究竟有多深呢？

B. 心情不会影响作画，能够很客观的描绘

9. 社会科学工作者想知道熟悉与未知之间，哪一样能让人感兴趣，因此，让买新车的人和长年开同类型车的人大略翻一下杂志。谁会仔细看和

自己的车同型的汽车广告呢？

A. 买新车的人中，看自己新买汽车的广告比看其他厂牌的汽车广告多28%;本来就有车的人，看现有汽车广告的比看其他品牌的汽车广告的只多4%

B. 本来就有车的人，看现有汽车广告的比看其他厂牌的汽车广告的多28%;买新车的人中，看自己新买汽车的广告比看其他厂牌的汽车广告多4%

C. 二者是一样的，看其他厂牌的汽车广告都比看自己拥有的汽车的广告的多11%

10. 英国心理学家以“为什么青少年不能开车”为题，对青少年进行十分钟的演讲。但是在演讲前先将青少年分成两组，一组知道题目，一组什么也不知道。哪一组比较会受演讲内容的影响？

A. 知道内容的那组

B. 什么都不知道的那组

C. 两组都受到强烈的影响

11. 英国心理学家让人看一群人的脸部画像。有几张让他们看过20次以上，其他的只让他们看2次。哪一边会获得善意的评价？

A. 比较少看的那一边

B. 光看次数多的那一边

C. 没有差别

12. 英国的心理学家对儿童进行下列实验：先在房间里布置了几个好玩的玩具，再把儿童分为两组。一组让他们直接进去玩耍;另一组在可以从窗口看到房内布置后呆一会儿再进去。哪一组会把玩具弄坏？

A. 两组都一样

B. 马上进房间的小孩破坏力较强

C. 在外等候的小孩破坏力较强

13. 美国的心理学家，让愤怒和心平气和的被实验者看拳击比赛的电影和没有攻击镜头的温和电影。看完之后，谁的反应最激烈？

A. 看拳击电影的愤怒者

B. 看温馨电影的愤怒者

C. 看拳击电影的平静者

D. 看温馨电影的平静者

14. 请被实验者尝尝某种液体是否有苦味。社会科学工作者已将带有苦味的物质用水稀释，有70%的人说苦，30%的人说没有味道。然后把尝不出味的9个人，和感觉很苦的1个人聚在一起，请尝出苦味的人说一下那种苦的味道。结果，这10个人的感觉会有什么变化？

A. 感觉苦的人，他毫不动摇地肯定，影响了其他9个人。第二次试饮时，那9个人也觉得苦

B. 9个人不受影响

C. 感觉有苦味的人受其他9个人的影响，第二次试饮时就不觉得苦了

15. 处于不安状态和没有处于不安状态的人，谁会对陌生人感到强烈的不安？

A. 两者没有差别

B. 处于不安状态的人

C. 没处于不安状态的人

16. 英国的社会心理学家对看《007》电影和歌舞剧的观众，作攻击性倾向的调查。何者会表现出较强的攻击性？

A. 看《007》电影之前的观众

B. 看完《007》电影的观众

C. 看歌舞剧之前的观众

D. 看完歌舞剧的观众

E. 无法确认他们的差别

17. 美国的社会科学工作者要求初中生、高中生、大学生、社会人士（均受同等教育），来判断几项陈述是否正确。四周后，再要求他们对相同

的陈述进行判断，但这次却先告诉他们“你们的判断和大多数人不同”。这个补充说明会带来什么影响？

A. 64%的初、高中生，55%的大学生，40%的社会人士更改他们的意见

B. 64%的社会人士，55%的大学生，40%的初、高中生更改他们的意见

C. 每组中都只有少部分人更改他们的意见

18. 社会科学家想知道在讨论会中，使团体意见一致的人是不发言的沉默者还是参加讨论者。谁较容易受团体意见的影响？

A. 沉默者

B. 发言者

C. 无差别

评分标准：

每小题答对得一分，答错不得分。标准答案为：1～5：BACBB；2～10：ABAAB；11～15：BCBAB；16～18：BAB

结果解析：

请在下面的表格里找出自己的年龄，然后看对应的得分，你就可以知道自己的通情达理能力如何了。

14～16岁	7～21岁	22～30岁	31岁以上	通情达理程度
11～18分	14～18分	17～18分	15～18分	非常强。说明你的社会共鸣能力非常出色。能站在他人的立场想象当时的情况和当事人的反应。
10分	12～13分	15～16分	13～14分	强。说明你有非常强的社会共鸣能力，对社会状况的判断非常正确，也能察觉别人采取的行动。

8～9分	10～11分	11～14分	9～12分	尚可。说明你的社会共鸣能力处在平均水平。
6～7分	6～9分	9～10分	7～8分	稍低。说明你不经常为他人设身处地地着想，很难正确地预见他人的行动。
0～5分	0～5分	0～8分	0～6分	很弱。说明你很少正确地判断社会状况，很少站在他人立场去思考，获悉别人行动的能力稍差。你有必要改善你的共鸣能力，多与人交往对你有帮助。

总之，要想成为一个高情商的人，就需要做一个通情达理的人，从而促使人们和其他成员达成共识，打造良好的人际关系网。

社交能力的测试

在生活中，完成每一件事都离不开协商、沟通、影响和说服别人做事的能力。在所有领域，最有效率的人是那些为了实现目标能与人协作的人。

——布莱恩·特雷西

每个人都必须具备基本的人际交往能力，这是一个正常健全的人格中不可或缺的情商部分。一个高情商的人，总是能和谐地和他人相处，他们自信、外向、乐观，这些特质就像磁铁一样牢牢地吸附住他人的喜爱。

香港十大富豪之首的李嘉诚先生，他的成功，除了靠勤劳和眼光锐利之外，与他以诚待人、以信待人，在人脉中求发展分不开。

李嘉诚在14岁时就到一家塑胶表带厂工作，并很快成为该厂的营业员。20岁时，工厂提升他为经理。但两年后，他用7000元港币的积蓄开设了自己的塑胶工厂，取名为长江塑胶厂。后来，他在为他的公司命名时，也叫长江。李嘉诚先生曾对“长江”这一名字的寓意做过这样的说明，他说：“如果你不要支流，你就不能汇流成河。”他希望这名字使他时常记着，经商需要许多朋友和同伴才会成功。因此，他在生意场上，非常注意与同行们和平共处，也会让一些利益给竞争对手。1985年，他决定以配售方式在伦敦出售“港灯”10%的股份，当时“港灯”快要公布年终报表，而且这一年“港灯”的业绩出色。于是，李嘉诚派驻欧洲的代表马世民建议他延后出售，这样可以卖一个更好的价钱。李嘉诚先生没有同意。他对马世民说：“我们现在出售会给买家带来一些好处，将来再有配售时就会较为顺利。”

李嘉诚在人际交往方面表现出的独特魅力，充分展现了他的高情商，而这也正是他成功的重要因素。难怪美国石油大王约翰·D.洛克菲勒也说：我愿意付出比得到任何其他本领更大的代价来获取与人相处的本领。

社交能力作为情商的重要内容之一，还可以带动其他情商技能的发展。从这个意义上来说，一个人的社交技能可以反映这个人的情商。因此，要想衡量自己的情商有多高，就十分有必要先了解一下自己的社交能力。

请你认真回答下面的问题：

1. 每到一个新的场合，我对那里原来不认识的人，总是：

A. 能很快记住他们的姓名，并且成为朋友

B. 尽管也想记住他们的姓名并且成为朋友，但是很难做到

C. 喜欢一个人消磨时光，不太想结交朋友，因此，不去注意他们的姓名

2. 我打算结识某人，与其交朋友的动机是：

A. 我认为朋友能使我生活愉快

B. 朋友们喜欢我

C. 能帮助我解决问题

3. 你和朋友交往时持续的时间多是：

A. 很久，时有来往

B. 有长有短

C. 根据情况变化，不断弃旧换新

4. 你对曾在精神上、物质上诸多方面帮助过你的朋友总是：

A. 感激在心，永世不忘，并会时常向朋友提及此事

B. 认为朋友间互相帮助是应该的，不必客气

C. 事过境迁，已经抛在脑后

5. 我在生活中发生困难或不幸的时候：

A. 了解我情况的朋友，几乎都曾安慰帮助过我

B. 只是那些很知己的朋友来安慰、帮助我

C. 几乎没有朋友登门

6. 你和那些气质、性格、生活方式不同的人相处的时候总是：

A. 适应比较慢

B. 几乎很难或不能适应

C. 能很快适应

7. 对那些异性朋友、同事，我：

A. 只是在十分必要的情况下才会接近他们

B. 几乎和他们没有什么交往

C. 能同他们接近，并正常交往

8. 你对朋友、同事的劝告、批评总是：

A. 能接受一部分

B. 难以接受

C. 很乐意接受

9. 在对待朋友的生活、工作诸多方面我喜欢：

A. 只赞扬他(她)的优点

B. 只批评他(她)的缺点

C. 因为是朋友，所以既要赞扬他的优点，也要指出不足或批评他的缺点

10. 在我情绪不好、工作很忙的时候，朋友请求我帮他(她)，我：

A. 找个借口推辞

B. 表现不耐烦，断然拒绝

C. 表示有兴趣，尽力而为

11. 我在穿针引线编制自己的人际网络时，只希望把哪些人编入：

A. 上司、有权势者

B. 只要诚实，心地善良

C. 与自己社会地位相当或低于自己的人

12. 当我生活、工作遇到困难的时候，我会：

A. 向来不求助于人，即使无能为力也是如此

B. 很少求助于人，只有在自己确实无能为力时，才会请朋友帮助

C. 事无巨细，都喜欢向朋友求助

13. 你结交朋友的途径通常是：

A. 通过朋友介绍

B. 在各种场合接触中

C. 只是经过较长时间相处了解而结交

14. 如果你的朋友做了一件使你不愉快的事，你会：

A. 以牙还牙也回敬一下

B. 宽容，原谅

C. 敬而远之

15. 你对朋友们的隐私总是：

A. 很感兴趣，热心传播

B. 宽容，原谅

C. 敬而远之

评分标准：

请你根据自己的选择，再对照下面计分表算出自己的得分。

1-15题，每个选项对应得分分别是：

A：1、1、1、1、1、3、3、3、3、3、5、5、5、5、5

B：3、3、3、3、3、5、5、5、5、5、1、1、1、1、1

C：5、5、5、5、5、1、1、1、1、1、3、3、3、3、3

结果解析：

得分在15～29分：社交能力强

得分在30～57分：社交能力一般

得分在58～75分：社交能力较差

其实，以上五个方面的能力测试正是情商所需具备的五大要素，这些测试的目的很简单，只是帮大家了解一下自己哪些方面的情商已经很高，哪些方面需要进一步培养。

通过以上测试，相信你已经对自己的情商有所了解了。但要切记这些不是求职询问表，用不着有意识地展示你的优点和掩饰你的缺点。如果你真心想对自己有一个判断，那你就不应施加任何的粉饰。否则，你应该重测一次。当然，这个评分等级带有一定的主观性，但好处就是你可以看到自己是怎么评估自己的，这就是提升情商的起点。

第四章 职场用情商——卓越高效

情商高的人做领导能带领团队向更大的辉煌迈进，高情商的人即使是个职场新人，也能获得良好的人际关系，为自己的晋升创造良好的条件。情商的高低直接决定了一个人事业成功、成就的大小。

EQ

中篇 情商的力量：你的命运掌握在情商手中

求职不止靠智商，情商少不了

智商做事，情商成事。

——情智东方

美国流行着一句话："智商决定录用，情商决定提升。"事实上，在求职这个环节中，情商和智商一样重要。尤其是在充满了压力和挑战的现代社会中，我们只有能够有效地控制自己的情绪，学会与人沟通合作，才能够适应工作，才能够在这个社会立足，这也就是为什么越来越多的人开始重视情商，在人才招聘和岗位晋升时考察情商的原因。IBM公司台湾地区分公司的一位主管就坦白表示：该公司录用新人的重心不在于他们在学校的成绩单，而在于是否担任过班代表、社团干部、校刊编辑，或是否参与其他校际竞赛活动等。他们认为未来企业的领袖，高情商比高智商更加重要。

情商要用于求职简历

一般来说，企业对于职员的第一认识都是从简历开始的。如此，简历的重要性不言而喻了。拥有一份好简历，无疑会让你在职场竞争中领先一步，也会让你获得更多面试机会。

然而，能做到让招聘者眼前一亮的简历却少之又少，原因就在于求职者没有把他们的情商用在简历中。

面试培训第一人黄宇征就曾经有过这样的经历：1997年冬天，黄宇征怀揣着一份皱巴巴的简历，走进了华人社区服务中心，一个姓于的辅导员看完他的简历后，对他说了一句让他终生难忘的话："我不知道你是从哪个星球来的，也不知道你想干什么。"他才知道原来他连简历都不会写。

十几年过去了，不会写简历的却还大有人在。如果你做过招聘工作，你一定见过不少这样的简历：要么从他（她）上过的小学开始写起，要么把他（她）干过的大大小小的事情全部罗列出来，要么翻到第二页才知道他（她）上一个工作是干什么的……这样的简历给人的第一印象就是：写简历的人情商不高，因为他们写了半天，却压根没有说到招聘者最关心的一件事：为什么应聘的这个位置非你莫属？或者退一步说，为什么我看了你的简历后一定要你来面试？

其实这就是我们提到的情商的基本内容之一——认知他人情绪的能力。如果你能发挥同理心换位思考，就不愁"屡投不中"了。

情商要用于工作选择

一个人能否取得事业上的成功，关键在于是否能准确识别并充分发挥自身的才干和优势。因此，在工作的选择上，认清自己身上的优缺点、给自己一个合适的定位很重要。而要认知自己，必须发挥情商的作用：把自己内在的潜意识的优势挖掘出来，并结合自己外部优势，如学历、能力、经历等等，凝聚成一个强有力的核心竞争力，用这个核心竞争力，在职场上打拼、奋斗、向上、发展。

王莹莹从当地一所大学影视系毕业后，就开始和同学四处寻找实习单位。一天，她和同学早早来到招聘会现场，300多家用人单位逛下来，别人的求职简历呼呼地向外投，而王莹莹呢，竟然连一份简历都没有投。

并不是她没带简历，王莹莹对同学说："今天全是些小企业，大多数都没听说过，工资也都很低，几百块钱能干什么啊，而且很多小公司还有试用期。"不过，她想着也不能白来一趟啊，决定找家差不多的先填填表。王莹莹最后锁定一家小额贷款股份有限公司，填写了一份个人信息表，选择了信贷业务部，填完表后，她又询问该职位是否需要出去跑业务，工作人员给出肯定回答，王莹莹脸上露出失望的表情。

相信王莹莹的经历绝不是个案，很多求职者，尤其是刚刚走出校门的大学生们，工作累了不想去，工资少了不愿去，福利差了不愿去，甚至单位所在城市规模小了，位置偏僻了也不去。他们总想一步到位，找一家比较“牛气”的企业，而不愿意从基层做起，结果却只能是一直“闲置在家”。其实，原因就在于他们不能正确、客观地评价自己。而这也正是体现其情商高低的一个重要因素。

俗话说：“人贵有自知之明”，一个高情商的人，一定是一个对好高骛远和妄自菲薄都没有兴趣的人。如果他们知道自己没有足够天赋成为一名职业篮球运动员，那么就会认认真真地学习，争取考上一个好的大学；如果他们知道自己没有能力成为一名将军，那么就会安安分分地做好士兵的角色；如果他们知道自己不够格成为一名领导者，那么就会踏踏实实地做好职员应有的工作。当然，如果他们知道自己可以的话，也一定会不遗余力的去争取的。

情商要用于职场面试

面试，在英文中，叫做interview，也就是“相互看”的意思，相互看也就意味着它是一次人际互动，而非一场有着标准答案的考试。那些在面试中落选的人，主要原因不是胜出者更优秀，而是他们没有打动面试官。

那么如何才能打动面试官呢？这就要用到情商了。以下面的故事为例：

王林去一家外企公司应聘经理助理一职，负责面试的人问他：“你想如何做好这份工作啊？”王林胸有成竹地说：“我会以最强的个人实力来开展工作：每周提交一份个人小结，每月自拟一份部门的计划案给经理审批。我相信凭我的能力不仅能够胜任经理助理的职位，在不久的将来一定还可以成为贵公司的得力干将！”最终，王林被以最经典的婉拒方式答复：请回家等待通知。

王林的问题出在哪呢？

他的能力或许毋庸置疑，不过他的情商却实在不足以胜任应聘岗位。助理有什么职责？把领导所有的指示都记录下来，再布置给其他部门，把领导的工作日程安排得井井有条就可以了。王林却一上来不管三七二十一把真本事先抖搂出来，抱着一副“不爱做将军的士兵不是好士兵”的样子来应对。不能审时度势，只能落得败北的下场。

此外，面试中还有一些必答问题也要用到情商，例如薪金、什么时间可以上班等。在面试时谈及个人收入，若不好意思讨价还价，甚至逆来顺受讲低调，说不定就失去了为自己争取更好待遇的机会，甚至还会让一些老板质疑你的能力和自信。所以，面试谈薪水时你就该看形势把理想价位报出来，究竟结果如何，可以双方商量着办。而当你过五关斩六将，终于如愿被聘用，面试官问你何时可以正式上班时，最好的回答则是“现在就可以！”老板爱才，因为人才能够为他带来财富效益，既然如此，你就不妨投其所好，主动说出“现在开工”，老板一高兴对你印象好，对今后前途是大有裨益的。总之，面试中，情商高的人会得到很多。

总之，在求职过程中，求职者除了要具备高智商外，还应该学会情商的运用。智商显示了一个人做事的本领，情商反映了一个人做人的表现。在现代社会中，你不仅要会做事，更要会做人。情商高的人说话得体办事得当，并且才思敏捷“人见人爱”，你就要做这样的人。

你的成就往往与情商成正比

当今的商业成功，15%靠技术，85%靠情商。

——汤姆·皮特斯

对于出色的工作表现，情商不一定是充分条件，但一定是必要条件。美国专家丹尼尔·戈尔曼在对121家企业中181个不同职位的能力标准进行研究时，就发现其中67％的工作必备能力是“情商能力”。可以说，情商已经作为一项十分重要并且必不可少的职业素质而存在了。

高情商，高绩效

美国企业界普遍认为，智商使人得以录用，而情商使人得以晋升。一个典型的案例是：被誉为新泽西聪明工程师思想库的诺贝尔实验室，一位负责人曾经用情感智商的有关理论列出他手下工作绩效最佳的人。结果他发现，在他所列出的名单里，那些被认为工作绩效最好的人不是具有最高智商的人，而是那些情绪传递得到回应的人。这表明，与社交能力差、性格孤僻的高智商者相比，那些良好的合作者和善于与同事相处的员工更可能做好自己的工作。

下面这个故事就是一个很好的证明。

林林是一位能力很强的员工，在一次面对客户的谈判中表现突出，为公司创造了良好的效益，受到了经理的高度赞扬。

这次谈判使林林更加认识了自己的价值，经理的赞赏使他觉得自己非同一般。在日常工作中，林林开始不和其他同事交往、沟通，一副自高自大、目中无人的样子，在公司里独来独往。

林林的态度使得同事们渐渐疏离了他，都不愿意与他合作。于是，林林成了被孤立的人，在许多事情上都陷入了极其尴尬的境地。在一次办理业务中，由于林林判断失误给公司造成了不小的损失。同事的讥笑、经理的恼怒，使他无法再继续呆下去，很不体面地自行辞职离开了公司。

可见，无论多么能干，无论在什么样的企业，不懂合作的人在职场都难有立锥之地。尤其是在高度协作的现代社会，个人英雄式的人物只能面临被淘汰的命运。只有懂得合作的人，才能走得更远、飞得更高。

除此之外，一个人身上属于情商范畴的其他品质，比如自信心、自制力、进取心、迷人的个性、专注、宽容等，也是提高其工作绩效的重要因素。

高情商，快提升

我们要想获得晋升，光靠自己努力是不够的，你还要适时摸准领导的心理，学会将自己的思想传递给上级，让领导领会、同意、支持自己的思想和行为。那些高情商的下属，都能抓住领导的性格特征和脾气秉性，以达到为自己事业铺路的目的。

林雪毕业后就到当地一所知名的职业学校做了校长办公室秘书，负责起草文件、对外宣传、以及一些日常接待工作等等。

几天之后，林雪发现校长在场时，同事们都表现得工作很投入；校长不在时，他们就会放松下来，玩玩游戏，侃侃奇闻轶事等。不过初来乍到的林雪并没有随大流。只要一空闲下来，她就会想想领导交办的事项还有没有没办妥的，自己还欠缺哪方面的知识，然后抓紧时间进行“修炼”。在遇到较合适的机会时，她也会把自己对于今后工作的成熟的想法向校长作出适当的汇报。虽然言语不多，但句句实在，又有自己的独立思考，让校长感觉出，她是个默默奉献、踏实认真的人。

后来，一次偶然事件的发生，又让校长看到了林雪的办事能力。那次林雪与校长坐车去见一位与学校联合办学的公司总经理，签一个重要的合同。当他们签合同时，外面下起了小雨。她从司机处得悉车上没伞，便立即掏出钱给司机，让他赶快到附近的商店买一把雨伞。等校长签完合同与合作方从宾馆里走出来时，雨下得正急，林雪赶紧跑几步，将伞递给校长。校长从容地为对方的总经理打伞，送其上车。再加上平日里与同事相处，林雪更是真诚待人，获得了不错的人缘。所以，学校工作的四年里，林雪从一个普通职员，升任办公室副主任，再由副转正，最后出任校长助理。而后，林雪在猎头公司的介绍下进了一家著名企业。

其实我们身边也不乏林雪这样的聪明人，职场上情商高的人都不会只埋头干活，而是时时与领导保持顺畅沟通，不断按照要求修正工作。他们还善于发现同事的优点和自己的缺点，随时取长补短。相对于低情商者，他们成长得更快。

不过，也有人疑惑，情商高是否就是指一些人在工作上玩心机、耍小聪明？在此需要澄清的是，职场高情商绝对不是投机取巧，它应该是首先干好本职工作，在此基础上巧妙地处理好各种关系，使自己的成绩能够得到认可。

高情商，更壮大

工作中少不了竞争，有竞争才会有提升。那么如何打败竞争对手？

面对敌人，一定要不屈不挠，咬紧牙关，迎面而上，决不退缩。这似乎是共识。但高情商的人则会选择另一种方式：站到敌人的身边去，把敌人变成自己的朋友。正如林肯所说：“我把敌人变成了我的朋友，不就是在消灭敌人了吗？”

我们看看约翰·列侬是怎么做的：1957年，在一次小型演出中，当时还默默无名的约翰·列侬认识了15岁的保罗·麦卡特尼。演出一结束，保罗便开始批评约翰，说他唱得不对，吉他也弹得不好。约翰很不服气，可当保罗向他展示了自己的天才之后，他用左手弹了一段漂亮的吉他，而且他能记住所有的歌词，约翰大为惊讶。约翰想，与其让这小子成为自己将来的敌人，还不如现在就邀他入团。就在这天，20世纪最成功的音乐搭档诞生了，约翰和保罗携手合作，组建了“披头士”乐队。这支乐队后来风靡全球，成为历史上影响最为深远的乐队。

列侬无疑是高情商的人，他甚至在敌人还未成为敌人之前，就快步上前，站到他的身边，把他变成自己的朋友了。

综上所述，情商的高低直接关系到一个人事业是否成功，以及成就的大小。因此，在懂得了情商的内容之后，我们也可以学习一下，让自己的情商也得到提升。

工作应该是一件快乐的事

如果你只为薪水而工作，你的生活将因此而陷入平庸之中，你找不到人生中真正的成就感。工作的目的虽然是为了获得报酬，但工作能给你带来的远比工资卡上的工资要多得多。

——阿尔伯特·哈伯特

生活中，我们经常会听到或看到这样的情况：有人抱怨自己命不好，运气不佳，没有找到一份理想而舒适的工作；还有人埋怨自己的工作很无聊，说自己每天过得没有意思；甚至有些人在一个工作岗位做了没多久，觉得工作乏味体现不了自己的人生价值，就立刻跳槽，不过结果并不乐观。其实，这些都是低情商表现，而高情商的职场人则能够找到乐趣并有所成就。

那么，如何才能让自己在工作中变得快乐呢？

根据兴趣来工作

作为职场人，你不能认为对于工作只要不排斥、不抗拒就行了。只有当你觉得工作充满乐趣、让你充满热情的时候，你的人生才会变得更有意义。而要找到工作中的乐趣，一定先要找到自己的兴趣所在。比如，内向的人或许会觉得推销是一种折磨，因此他们做推销工作往往只是为了完成任务。相反，如果喜欢这种工作，那么多发出去一张宣传单，多发掘一个潜在客户都会让你欣喜万分，多发宣传单、多发掘客户，这样一来你的业绩必然非常出色。许多事业上取得成功的人都是依据快乐这条真理来行动的。

比如，毕业于哈佛大学的达伦·阿伦诺夫斯基是美国的著名电影导演，他在哈佛的演讲中说："我尽力让我的生活没有遗憾，我尽力选择那些让我觉得充满乐趣、让我喜欢的道路，因为那样的路才是正确的。"还有，著名的发明大王爱迪生在一生当中有两千多项创造发明，他用自己的发明为人类做出了巨大贡献。有人曾经质疑爱迪生如此拼命工作到底累不累，可是他却说："因为我喜欢做实验，所以我从来没有把它当成头痛的工作。"被称为"压力之父"的赛也博士也曾经说过："虽然我每天都要从早上五点一直工作到深夜，但我从来不认为这是一份工作。相反，我更觉得自己是在做一个十分有趣的游戏。因为我喜欢，所以它才给我带来那么多乐趣。"

在职场中，我们也应该向他们学习，从事让自己觉得有乐趣的工作，因为这才是正确的。

寻找工作中的乐趣

不过，很多时候，我们并不见得就能根据自己的兴趣随心所欲的找工作。其实每份工作的存在都有它的意义，都有它存在的价值，这时候，我们就应该将工作中所有的事情都当做自己喜欢的事情，热爱它，即如果不能选择你爱的，就爱你选择的。

菲尔·格雷厄姆在美国的报业系统赫赫有名，并且一度成为美国最大的报业主。然而，谁能想到在商界取得如此成就的格雷厄姆，其实对经商并不感兴趣，真正让他愿意从事并觉得充满乐趣的是政治。

他曾在法院任职，当过美国最高法院大法官弗兰克福特的助手，参加过美国陆军航空队。然而当他在自己的事业上走得兴趣盎然时，他的岳父却要他接手《华盛顿邮报》。面对老人的恳请，格雷厄姆不得不开始从事自己并不感兴趣的工作。但与大多数人不同的是，即使他并不认为这是一份有乐趣的工作，他也没有敷衍。他努力将自己对政治的热情转移到报业这一陌生领域中来，他努力地去寻找其中的乐趣。很快，他发现了其中的乐趣，他一头扎进报业的海洋中畅游，并取得了非凡的成就。

无疑，格雷厄姆的情商是卓越的，因为他能够从本不感兴趣的工作中找到乐趣，并充满热情地投入其中，从而取得成就。爱上自己的工作，从工作中寻找乐趣，踏踏实实地学习自己所不具备的知识，才能对它有很高的热情，才能在工作中不断地提升自己，而不是在工作中浪费自己的青春。

学会自我心理调适

现实生活中，有相当一部分人刚开始时很喜欢自己的工作，对工作也有很大的热情，但是随着时间的流逝，热情开始渐渐减退。于是工作就成了一件痛苦的事情，毫无乐趣可言。其实，这就是职场心理疲劳。如果你正在深受其扰，就要学会心理调适，降低心理疲劳的影响，赶跑职场中的坏心情，让自己虽累却快乐。下面是高情商者提供给我们的一些建议：

对自己宽容：我们常常以为完美主义才是一种对人生、对工作负责的态度，实际上人非圣贤，孰能无过。对自己多一份宽容，我们也能变得更加轻松。

向他人倾诉：当我们成年之后，尤其是在经历了一些世事之后，在我们烦恼的时候可能并不需要别人讲太多的大道理，更多的时候，我们是希望心理上的郁闷与烦恼能够一吐为快。通过适度、恰当地倾诉，可以将工作中的压力逐步转化出去，你也可以从朋友那里获得支持和鼓励，重新唤起奋进的勇气与决心。

学会退一步：在职场中，每一个人都渴望成功，但成功绝不是一朝一夕的事，所以你要学会合理安排好自己的生活，保证工作和生活能够张弛有度、劳逸结合。在不需要你前进的时候，不妨退一步、歇一歇，保证自己能够拥有旺盛的精力和足够的体能，更好地应付接下来的工作。例如，端坐了一上午肯定腰酸背疼，可以利用工作的空闲在办公室里多走动走动，这样有利于缓解压力。

暂时的逃离：工作越是忙碌，越要学会放松。你可以约上三五好友，到一个幽静舒缓的氛围里释放自己的情感因子，或在书屋里静静地坐着看自己喜欢的书，或开展一项你感兴趣的体育活动，出去爬山、游泳等，让自己紧张了一段时间的身体得到最大程度的舒缓，让自己能从繁忙的工作中暂时地脱离一段时间，让压力无法继续。

换一种眼光：实际上，如果换一种眼光去看周围的时候，比如在赶车上班的过程中，与其为那一个多小时的上班车程而忧心忡忡，倒不如把心思倾注于漂亮清晨的每一个细节之中。也许一阵清脆的鸟鸣让你心情愉快；刚刚盛开的花朵能使你倍感神清气爽，最后留一份好的心情带到你的工作单位。总之，只要是能做到的都可以试一试，或许只是一个小小的改变，就能有意想不到的效果呢。

当你以一种积极的心态去看待工作、面对工作时，你会发现工作中有那么多让人快乐、充满乐趣的事，你也会重新燃起对工作的热情，让自己更接近成功。

高情商让你与同事关系更融洽

关心他人感受，而不是一味说教，你就能更好地与人相处。

——保罗·帕克

但凡工作就会关系到很多协作对象，关系融洽，心情就舒畅，这不但有利于做好工作，也有利于自己的身心健康。倘若关系不和，甚至有点紧张，那就更没滋没味了，而且能否处理好与同事之间的人际关系，也是关系你工作能否顺利进行的关键要素。

下面我们就看看情商在你与同事的人际交往中是如何发挥作用的吧。

控制情绪化

人是感性的动物，情绪会复杂多变，因此，遇到高兴事时，难免眉飞色舞；遇到伤心事时，也免不了愁眉苦脸。只不过大家管理情绪的能力有高有低。情商高的人情绪管理的能力强，人际关系和社会适应力也相对较好，而情商低的人，一个人常常会陷入大喜大悲的情况，这种巨大的情绪起伏如果用在职场中，只能降低自己在众人心目中的地位，孤立自己。

刘刚就是一个在这上面吃亏的人。他在工作中认真负责，而且办事也非常利索，工作能力也比较强，上司起初很欣赏他，并打算给他升职。但是，两年过去了，他的职位还是依旧。原来刘刚在工作中常常表现出不满情绪，他认为自己能力强，却迟迟没有被提拔，而那些各方面不如他的人在职务上却超越了他。而且在和同事相处时，也总是不断地抬高自己，贬低别人，有一次，他甚至在公开场合顶撞上司，让上司的尊严当众受损。这样的人又怎么会被提拔呢？

其实，在现实生活中，面对工作的巨大压力或者遇到难以诉说的苦衷，人人都会有心情烦躁的时候，人人都会有想向人发泄胸中闷气的强烈愿望。但如果你不分场合任意发泄，只会给他人和自己都造成困扰：如果你冲着同事出气，即使同事理解你的心情，也会对你产生一定的看法。如果被上司知道，将有可能影响你升职加薪的机会。因为一个情绪化的员工很难与他人合作，会直接影响公司的利益。一般情况下，上司不会用一个情绪化的员工去做管理工作。

工作中，什么样的情况都可能发生，什么样的事情都可能遇到，高情商者在处理工作和事务时，往往都会控制自己的情绪，不轻易地把自己的情绪表露出来。相反，如果你总是情绪化，就很容易做出违背常规的事情，伤害自己也得罪别人。而且不加控制地直接流露自己的喜怒哀乐，也显示出自己本身肤浅、没有城府。

另外，在遇到他人的批评和抱怨时，你也要学会适当地控制自己的情绪，耐心聆听面对来自同事或顾客的抱怨，冷静对待，认真处理，不可意气用事。如果处理不当，势必造成双方的不愉快，还有可能会使双方的合作关系受到影响。在情绪低落时，要找到缘由，想办法解决，及时调整自己，使自己冷静下来，理智地面对遇到的困难。

善用同理心

在职场中，如果你不能照顾到同事的情绪，你一定会变成孤家寡人。

销售部经理李乐这一年的业绩尤为突出，因此年底时，上司在表彰会上特别表扬了他，并在颁发奖金外，额外还给了他一个红包。当大会主持人让他就此事谈谈感想时，他面对公司所有人说起了自己这一年来如何兢兢业业，如何积累知识，如何提高能力等等，可就是没有提及一句感谢上司对他的信任和重用，还有同事及其下属对他的帮助和合作之类的话。而且，大会一结束，便一溜烟地跑了，也没有邀请同事们庆祝一下。

这件事情之后，虽然表面上大家都没有说什么，但从此他的上司就开始了有意的刁难，同事们也开始了有意的疏远，下属们也变得懒散，以至经常顶撞他。一段时间后，李乐曾经挂在脸上的春风得意笑容消失了，逐渐变成了孤家寡人。

或许你会感叹这个部门经理的上司、同事和下属度量的狭小，但其实造成最后这种局面的根源还是在于他自己。因为我们每个人都希望自己与荣誉和成功联系在一起，而且，每个人都认为别人的成功中总有自己奉献的一份力量，如果你在取得了一定成绩后，无视别人的感受，就很难在职场立足。这个部门经理傻乎乎地独自抱着荣耀不放，别人当然会为他如此自私的做法而感到不舒服了。

在职业生涯中，高情商者的处世之道就是当你的工作和事业有了成就时，千万记得不要独自享受。要让自己拥有团队意识，摒弃“自视清高”的作风，换之“众人拾柴火焰高”的职业意识。只要注意到这一点，你获得的荣耀就会助你更上一层，你的人际关系也将更进一步。

当然，我们还可以把这个道理再升华一下，那就是欣赏并认可你的同事。

喜欢被人称赞是人类的天性，无论什么时候，被欣赏、被认同永远是一种亟待满足的人类需求。你可以回忆我们自己的成长经历，谁没有热切地渴望过他人的赞美？既然渴望赞美是人的一种天性，那我们在生活中就应该学习和掌握好这一生活智慧。

例如，有一天，你的一位同事清早从床上爬起来，没来得及洗脸化妆，孩子就吵着要上学。刚送进教室，孩子的课本又忘了拿。从学校里出来，赶不上班车，误了点。最惨的是，轮到上司亲自查考勤，她的心情十分糟糕。这个时候，你来到她的身边，告诉她你从来没有见过这么好看的坤包，她买东西真有眼光。她一定会觉得这个世界上只有你才是知音。

可见，赞美是一种有效的交往技巧，一句简单的赞美就可以吹散当事者心头的阴影，能有效地缩短人与人之间的心理距离。而且从经济学上说，一句赞美的话的成本是相当低微的，却可以创造出无限的价值来，实在划算。可惜的是，只有少数人懂得满足人类的渴望，并借此将他人掌握在自己手中。这些人就是高情商的人，也是在职场中有所成的人。

但要注意的是：赞美，不是虚情假意的逢迎，而是真诚的慷慨地欣赏并认可你的同事。只有发自内心真情实感的赞美才不会给人虚假和牵强的感觉，既能体现人际交往中的互动关系，又能表达出自己内心的美好感受，对方也能够感受你对他真诚的关怀！

情商——领导者的秘密武器

从我的经验和一些最近的研究结果看来，领导能力中最重要的是所谓的“情商”。

——李开复

一个人是领导者还是被领导者取决于情商，一个人是出色的领导者还是平庸的领导者也取决于情商。而且对领导来说，所处的位置越高，情商就越重要。因为只有具有高情商的领导者，才可能有高情商的企业，才可能有高情商的士气，也才可能有高效率的工作。

自我情绪带动员工情绪

领导者未必是一个工作技能上十分突出的工程师，但如果他（她）是一个懂得煽情，懂得利用自己的工作热情去影响和激发员工努力工作的人，那他就是一个优秀的领导者。反之，如果领导者的热情冷却了，那么大家的心也就开始降温了。

赵凯在策划公司做人力资源主管。最近几个月来，公司业务非常萧条，大家都没有事情做。于是他找老板聊天，问老板："现在这个样子，您觉得公司怎样发展才好？"老板说："我们先做做看，现在的困难是暂时的，挺一段时间再看，可能会有起色。"赵凯听后思考了再三，第二天递交了辞职报告。

他为什么辞职？就是因为在他眼里，老板就代表了公司，自己的老板都对公司没信心了，他怎能对公司有信心呢？这样看来，这个老板无疑就是一个低情商的人。

其实，在推动工作的过程中，难免会出现各种各样的问题，管理者要想推动工作，要想激发大家的热情和促使他们努力工作，最好的办法就是用自己的"激情"去带动员工的工作热情，从而推动工作的进展。因为情绪的感染是一种基本的本能，包括喜怒哀乐在内的所有情绪，都可以在极短的时间内从一个人身上"感染"给另一个人。试想当员工看到经理每天都和大家一起努力地工作，都那么不辞辛劳，他们还能不尽心尽力地工作吗？所以说，努力提升自己的个人情商才是每一位优秀领导者首先需要关注的。

人文环境促进团队绩效

如果你有机会走进不同的企业时，你一定会发现每一家企业、甚至每一间不同的办公室里，都会有不同的情绪和不同的工作氛围。管理理论界把这一现象简单地归属于企业文化的范畴，但从情商角度来说，我们所看到的现象正是企业情商和组织情绪的具体表现。如果领导者能营造一个和谐的气氛，往往能让所有成员的才华都充分发挥出来。一句话，好的人文环境促进团队绩效。一个典型的案例就是谷歌，它一向以为员工提供良好工作环境而著称。

下面就让我们了解一下google（谷歌）员工们的“幸福生活”吧：

隔音太空舱：如果工作累了，可在这个太空舱好好休息一会儿。该娱乐设施不但可隔音，而且能阻挡任何光线进入。

回到幼儿园：每层办公楼之间都安装了一个滑梯。除了娱乐功能外，还可供员工们在发生火灾时紧急撤离。

美味佳肴：在上班时间，google员工可随时到食堂就餐，食品种类也丰富多样。

工作地点：每位员工至少配备两台大屏幕显示器，平均每个办公室有4～6名员工。

技术创新：办公大楼随处可见白色书写板，目的是方便员工随时记下各种新创意。一位google产品经理对此表示：“你坐在办公室时，灵感并不一定会来；或许就在你走动时，灵感就会如期而至。”在员工阅读室当中，摆满了各类书籍。

轻松一下：在很多办公区域，很容易找到台球、视频游戏等娱乐设施。

打个电话：办公楼每层都设立一个电话室。每台电话机都安装在经过装饰的小屋当中，以方便google员工处理私事。

技术支持：如果google员工电脑出了问题怎么办？没关系，把它搬到这儿来就行。在等待电脑修理过程中，你还可以喝上一杯饮料。

专业按摩：身心疲倦了？这儿有专业按摩师在等着你。

一般来说，许多工作场所。作为为生计打拼的地方，往往处于上级的监督和管制之下，是个会让许多员工心情紧张的地方，这无疑对员工发挥出自己最大的潜能，是有阻碍作用的。而谷歌领导者对于工作环境的精心设计，却能够让员工达到最大程度的放松和舒适，这样，员工怎能不发挥出自己最大的潜能呢？

恩威并施赢得下属人心

日本一位政治家曾经说过：一位当政者，要治理好一个国家，必须要德威兼顾，宽严得宜：如果只施以小惠，而没有威严，四民就会像一群在溺爱中成长的孩子，不听教诲，将来更不可能成为有用的人。相反，如果对任何事都采取严厉的态度，或许在表面上能使人遵从，但绝无法使人心服。所以，一定要有公平的赏罚，并且施恩于人，这样才能有真正的威严。

一次，松下电器公司一位很有地位的人犯了错误，松下幸之助决定发给他谴责状来警告他。于是松下把那个人请来，对他说："我对于你犯的错，想发给你谴责状；如果你觉得不满，那就不必谈了，我也不想浪费这谴责状。但如果你认为被斥责是应该的，那么不断地反省自己的过错，将会使你成为一个有作为的人，今天的斥责也有了价值。你觉得呢？"对方说："我了解您的苦心。"松下先生接着说："如果你真的了解，这样我也很乐意地把这谴责状给你。"

在这件事中，既体现了松下先生对员工的谴责和惩处，同时又体现了发自内心的尊重和关心，从而使对方既诚服又感激。从中不难看出把谴责、惩处与尊重、关怀融为一体的作用。

管理下属，没有恩、只有威不行，没有威、只有恩也不行。要获得大多数人的拥护，必须在体察下级心理的基础上，掌握好恩威的收放，做到恩威并用而有度，宽严得宜而服众。

总之，领导者，作为整个企业的灵魂支柱，应该具备用情商管理员工、管理企业的能力。

团队情商：团队成功也是个人成功

如果你供职于一家缺乏热情、活力、创意、睿智、求知欲，而且平淡无奇的企业，那么你就会陷入苦恼，很严重的苦恼。

——汤姆·彼得斯

一个企业的成功不是靠一个人或几个人就能完成的，必须通过全体员工的努力。团队既可以发挥每个人的最佳效能，又能产生最佳的群体效应。同时，团队的胜利带来的荣誉感也属于集体中的每一个人。因此，无论对于企业还是个人来说，尽早打造一个优秀的团队都是非常重要的。而要打造一个优秀高效的团队，就必然需要提高团队的情商。

那么怎样才能提高一个团队的情商呢？

以责任为核心的自我管理

责任，其实就是一种主人翁精神，如果每一个人都有主人翁精神，都把公司的事情当作自己的事情来做的话，公司无形当中会形成很大的竞争力。而且，一个对自己团队负责的人，其实也是在对自己负责，因为他的利益是和团队密切相关的。

石磊是一名大四的学生，在一家建筑公司实习，担任一处施工现场的技术指导。

施工现场的条件非常艰苦，工地的道路全是土路，一遇刮风下雨，不是风沙弥漫，就是泥泞难行。石磊的工作量不算太大，但是很繁琐，楼上楼下，里里外外，一天至少要跑几十趟。晚上下了班，他疲惫得连饭也不想吃，只想躺下来好好地休息。尽管来之前，他已经做好了足够的心理准备，但是现在，他却怀疑自己是否能够坚持下来。

就在这时，一件事情彻底改变了他的这些消极想法。

那是一个大雨倾盆深夜，睡梦中的石磊和同一宿舍的工长郑师傅突然听到一阵急促的敲门声，同时有人喊道："郑师傅，郑师傅，工地基坑边坡有一部分滑坡了!"郑师傅翻身坐起，迅速披上外套，穿好鞋子，戴上安全帽，拿起雨伞和手电，打开屋门，大步走了出去。

不知过了多久，郑师傅才回到宿舍。第二天，石磊忍不住问郑师傅："工地现场不是还有专门负责的人吗？您告诉他们怎么处理不就成了吗？您这么大岁数了，还要冒雨亲自出去一趟，何苦受这个罪？"郑师傅听了石磊的话，只是微微一笑说："这是我的责任！"

"这是我的责任!"就是这短短的一句话，深深地触动了石磊。

确实，在团队中，只有每个人都实现了以责任为核心的自我管理，才能让工作顺利进行下去。无人负责我负责，有人负责我协助。不管是不是自己的"分内"事，只要与团队的工作有关，就要认真负责地去对待。不仅要对自己的"分内"事高度负责，甚至要将"分外"事也当作"分内"事，义不容辞地承担起来。如此，才能打造出高情商的团队。

团队意识的培养

团队精神是高效能人士的一项重要习惯。

每一个公司都类似于一个大家庭，每一位成员都仅仅是其中的一分子，每个人单独可以做好的事情很少，而且效率和质量都极低。但如果几个人组成一个团队，就可实现协同合作，从而使整个组织的战斗力得以提高。所以，团队精神是相当重要的。只有具备团队精神才能创造更多的价值、更大的效益。每个人的价值也会因为团队合作而变得更大，更加引人注目。

吉恩在一家营销公司做营销员的工作。他所在的营销团队曾经因为团队精神而创造过奇迹，而且团队中每一个人的业务成绩都特别突出。不过遗憾的是，这种和谐而又融洽的合作氛围后来被吉恩破坏了。

原来，由于吉恩所在的团队业绩突出，公司便决定把一项重要的项目安排给他们，可吉恩的主管反复斟酌考虑之后，依然犹豫不决，没有拿出一个可行的工作方案。而吉恩则认为自己对这个项目有十分周详而又容易操作的方案。他为了表现自己，便没有与主管商量，更没有贡献出自己的方案，而是越过主管，直接向公司高层说明自己愿意承担这项任务，并提出了可行性方案。

他的这种做法严重地伤害了主管，破坏了团队精神。结果，当公司最终决定安排他与主管共同操作这个项目时，两个人在工作上不能达成一致意见，产生了重大的分歧，导致团队出现分裂，项目最终流产了。

可见，要想获得成功，你就应该学会与人合作，而不是单独行动。只有把自己融入到团队中才能取得更大的成功。融入团队必须要有团队意识，摒弃“独行侠”的思想，和“狂妄”、“清高”、“刚愎自用”坚决作别，代之以“众人拾柴火焰高”、“众志成城”、“齐心协力”的团队意识。

明确团队角色

一个团队就像是一部机器，每个零件的作用都不一样，你是哪一个零件，起的是什么作用，自己应该清楚。只有清楚自己在整个团队中处于什么样的位置，才能明白你在这个位置上都应该做些什么。这就是角色定位和角色认知。

一家公司计划从基层员工中选拔一位主管，便把人都召集起来，出了一道难题：即穿越障碍到达目的地，并找出事先藏在里面的金戒指。并且承诺谁能找出来，金戒指就属于谁，而且还能得到提拔。

大家都兴奋不已，立刻沿着指定的路线寻找起来。但是，事先设置的路太难走了，满地是西瓜皮等垃圾，每走几步，就有人摔倒。可是，没人停下来。在这群人中，其中有个人是公司的清洁工。他对于寻宝之事，似乎并不在意，仍然同往常一样，他把西瓜皮铲到垃圾车里，然后拉到垃圾站去。几个小时过去了，大家终于走出“西瓜皮阵”，冲向了目的地，四处寻找，但是一无所获。而那位清洁工，也将清理完西瓜皮等垃圾了，不料却在这时发现了藏在下面的金戒指。

公司正式提拔了这位清洁工，并召开了全体大会。会上，老板问大家：“你们知道公司为什么提拔他吗？”“因为他找到了金戒指。”不少员工回答。老板摇摇头。“因为他能做好本职工作。”又有人回答。“这还不是全部。”老板总结道，“他最可贵的地方在于，他富有团队精神。在你们争先恐后的时候，他在默默地为你们清理障碍！”

一个高情商的员工必须树立以大局为重的全局观念，不斤斤计较个人利益和局部利益，将个人的追求融入到团队的总体目标中去，从自发地遵从到自觉地培养，最终实现团队的最佳整体效益。

作为职场中的个体，你可能会凭借自己的才能取得一定的成绩，但你绝对无法取得更大的成功。尤其是在专业化分工越来越细、竞争日益激烈的现代职场，善用个人情商，打造一个高情商的团队，才是明智之选。

第五章 婚恋用情商——幸福甜蜜

爱情与婚姻，往往会被这样那样的关系牵系着：金钱，日常生活，人与人之间相处的关系……处理这些关系的时候当然需要技巧，需要艺术，需要情商了。

EQ

中篇 情商的力量：你的命运掌握在情商手中

情商让剩男剩女们告别单身

没有以热情恋爱过的人，人生的一半而且是人生美好的一半对他来说是被掩藏的。

——司汤达

现如今，剩男剩女的队伍不断壮大。虽说单身也没什么不好，但如果你是一个有着嫁娶之心却一直没有告别单身的人，你就要扪心自问了：为什么那些条件比你差很多的人，爱情生活有滋有味，而自己还是形单影只？

其实，这既不是命运的安排，也不是机缘的巧合，问题往往是出在你自己身上。

有个女人喜欢上了一个男人，他们是一见钟情的那种，但女人没有表示，总觉得感情这事应该矜持一点儿。男人也只是温温吞吞、若有如无地表示了一下，见女人没有什么反应，就把感情埋在了心里。女人见男人没有过多的表示，也就以为是自作多情，没有再深究下去。许多年过去了，女人接受了别人的感情，男人知道后为她点了一首歌——《错过你错过爱》，歌声表达了他的心事，可是，一切已成往事了。

这就是低情商人群的悲哀。故事里的男人女人哪怕有一个人情商高的话，相信结果也会是圆满的。

因此，在爱情的世界中，你一定要学会用情商处理感情问题，那么，你离告别单身的日子也就不远了。下面是几点建议：

高情商让你选对恋人

在现实生活中，我们经常看到这样的组合：一个看上去很帅的丈夫身边却走着一位相貌平平的妻子；美丽的窈窕淑女却偎在一个武大郎似的丈夫身边；精明能干的女经理嫁给了老实巴交的小学教师；才华横溢的男作家终身与一位普通女工为伴……而且最令人吃惊的是，这些看上去似乎不般配的夫妻，居然能过得很幸福美满。这其中的秘诀就是我们再熟悉不过的那句话——不找最好的，只找最合适的。

然而，很多人在寻找爱人的过程中，总是心存挑剔，而且他们往往更注意的是对方的外在条件，那些或漂亮或帅气、或有钱或有权的炫目光环更能打动他们的心。因此，婚后才出现后悔“自己瞎了眼”、“上了当”的局面，甚至演绎出“以误解而结合，以了解而分手”的悲剧。这些人缺少的就是慧眼识人的本领。如果你想避免这一悲剧的发生，就来看看高情商的人是怎么挑选恋人的吧：

第一，从对方的价值观了解他（她）的为人。

比如，你的恋人特别赞赏某个男人或女人，很可能是因为他（她）比较缺乏他（她）所赞赏的人身上的某些重要品质，他（她）可能在潜意识里以那个人为榜样；如果他（她）十分欣赏某一类异性的话，也从中可以折射出他（她）对另一半的审美标准和要求。

第二，从细微处观察。

人在恋爱时，在强烈掩饰心理的控制下，一般都会表现得志向很高，为人很善良，做事很有胆魄. 心胸很宽广。而实际上，可能并非如此。在琐碎的小事上，人的自我控制意识会松弛下来，因而容易表现出他（她）的“本来面目”，只要你细细观察，一定会有所得。

第三，观察他的处世态度和行为方式。

很多人见恋人对自己既宠爱又殷勤，就盲目地沉浸在爱的甜蜜之中，以为结婚以后他（她）也会如此这般地对待自己。其实，这很有可能是自我误导。应该多留心他对家人、好友及他人的态度，因为这才有可能是他

（她）将来如何待你的预示。

另外，要想真正了解一个人就要对其长期观察，不要一见面就对一个人的好坏做出结论，因为结论下得太早，会因你个人的好恶而发生偏差，从而影响今后的交往。当然，这些观察必须是自然而然进行的，作为恋人，绝不能故意地设置一些所谓的“考验”，更不能有诸如偷看日记、偷拆信件、偷听谈话之类的“克格勃”行为。不然，不尊重对方的人格会导致自己的人格也得不到尊重，那就可能导致十分美好的爱情被葬送掉。

高情商助你抓住所爱

遇上了让自己怦然心动的意中人，遇上了自己等待已久的那个身影，很多人一方面心里为之激动雀跃，一方面又陷入了犹豫迷惘之中。他（她）会喜欢我吗？如果他（她）拒绝了我怎么办？拒绝了我，别人难道不会笑话我吗？……这些恼人的问题会纠缠在他们心中，让他们愁眉紧锁、阴云在脸。当然，这只是低情商者的烦恼。一个高情商的人，不仅拥有一双识人的慧眼，而且会将所爱的人牢牢抓住，并将这份爱情打点得“千姿百态”、“万紫千红”。他们是这么做的：

第一，勇于对意中人表白。

爱情对被动的等待者不屑一顾，而对主动的追求者却格外垂青——机遇来自你的创造。法国着名大文豪雨果也曾经这样说：“爱就是行动。”勇敢大胆地向自己心中的意中人表示自己的爱意本身就是爱的表现之一。而执着地追求是对对方感情深挚的外在表现。特别是女孩往往会从男孩子的追求中体验甜蜜与自豪感，从而更充分地了解男孩子身上特有的魅力；而男孩也会从女孩或含蓄或害羞或大胆的表白中，掂量出女方对自己的真挚感情。

第二，展现魅力，吸引对方的目光。

喜欢上一个人，这个人一定有值得你喜爱的地方，或是气质不凡，或是谈吐不俗，或是知识渊博，或是外貌出众……俗话说“情人眼里出西施”，当你爱上一个人时，必然会有爱的理由。反过来说，如果你要让对方爱上你，你也一定要给他（她）一个爱你的理由。

以男人为例来展现你的绅士风度。对方即使和你初次见面，也会比较相信你，说不定就会爱上你。绅士风度就是能够站在对方的立场上，想别人所想，急别人所急，充分表现出理解他人，牺牲自我利益的高尚品质和人格魅力。譬如，当一个有绅士风度的人在和他人约会见面时，如果耽误了别人的时间，即使是10分钟的工夫，他也会打个电话过去，并且诚挚地说："虽然只有10分钟，但是，我知道等人滋味是很不好受的。"假如是你在无意间这样说时，对方会有怎样的感觉呢？可能，所有听到的人，一定都会认为你这个人非常的细心，就像前面所说的一样。其实，如果自己站在相同的立场时，也会期待对方能够一样的关心自己。这样做不会产生不愉快的心情，反而在发现对方是这样的细心之后，会产生更好的印象。

人生短暂，许多东西都是转瞬即逝的，爱情也是一样，与其苦苦地等待，不如真心对待和追求自己想要的。相信有了情商的帮忙，你就一定不会让爱情在岁月中耽搁得太久了。

恋爱也需要情商指导

恋爱给人以智慧，而它常常借智慧而支持。

——派斯格尔

既然爱情来之不易，那么就应该珍惜命运赐予你的机会，好好经营你们的恋爱，否则你很可能会为你的不作为而后悔一生。那么，如何才能让爱情之花永不凋谢呢？这就需要情商的指导了。

爱不要太多，只需刚刚好

我们常常听到恋爱中的人抱怨对方对自己不如以前那么用心了，其实很多时候爱没有改变，改变的只是心理敏感度。

有一位意大利的心理学家曾在两对具有大体相同的成长背景、年龄阶段和交往过程的恋人当中，做过这样一个送玫瑰花的实验：在情人节的前两个月，心理学家让其中一对恋人中的男孩，每个周末都给自己心爱的姑娘送一束红玫瑰；而让另一对恋人中的男孩，只在情人节那一天给自己心爱的姑娘送去一束红玫瑰。

结果呢？那个在每个周末收到红玫瑰的姑娘，表现得相当平静。尽管没有大的不满意，但她还是忍不住说了一句："我看到别人送给自己女友大把的'蓝色妖姬'，比这普通的红玫瑰漂亮多了，心里真是很羡慕！"而那个只在情人节接到红玫瑰的姑娘，当手捧着男朋友送来的红玫瑰花时，表现出了被呵护、被关爱的极度甜蜜，随后竟然旁若无人、欣喜若狂地与男友紧紧拥吻在一起。

这是因为人在经历过强烈的、长期的、持续的宠爱之后，再接受相同或相似的方式，他（她）会因为之前的适应而认为理所当然，觉得平淡无奇，甚至还会误解情意变得淡薄。所以，我们需要学会有意识地变化和控制爱情表达的形式、强度以及参照物。一言以蔽之：很多时候，爱不要太多，只需刚刚好。

同时，作为恋爱的另一方来说，也要学会理智地分析感情、感受、爱情，也许他（她）不是不爱你，只是因为他（她）成为你的一部分以后，你对他（她）的要求提高了，而他（她）的进步却没那么快。所以，不要要求对方马上做到你要求的那样，给对方时间也就会给自己美好的未来。

用对方的方式沟通

世上没有两个完全相同的人，我们看事情都是运用自己独特的方法。要想与恋人更有效率地沟通，或持续相爱的关系，一定要学会用对方的方式重建沟通模式。

男人和女人第一次见面时，就产生了异性相吸的吸引力。男人喜欢女人的率性及生活在当下的能力。相同的，女人爱上的也是男人的知性与天生的驱动力。他们都觉得他们实在是天造地设的一对，从此以后会快乐的生活在一起。

然而，就是他们之间相互欣赏的差异，慢慢腐蚀了两人之间爱的联结。男人完全不能理解女人情绪化的做决定的过程。女人也觉得她永远跟不上男人那种条理清晰、充满攻击性的沟通模式。

不过，幸好女人的高情商挽救了他们的爱情：她找到了一种可以加强沟通的方法——用男人的方式说话。所以，一出现会引起冲突的状况，或她想要讨论一个会让人不舒服或困难的议题时，她会先列出一张清单，将问题一一列举清楚(尽她的可能做到条理清晰)。她知道这是唯一能让男人倾听她说话的方法。而这个方法也真的很有效：虽然男人并不全然同意女人的论点，但他变得态度比较温和或不会反应过度，也更愿意倾听了。他们也能心平气和的处理问题了。

我们并不是要强调男人都是直线型的思考者，或认为女人都很情绪化。我们要说的是，每个人的思考模式都不同。了解这一点，你就能永远改变两人之间的互动模式。记住，你所谓的真实并非真相——那只是你自己的想法而已。找出了解另一半的方法，是一件值得去做的聪明事。

爱情容得下“谎言”

低情商的人认为，爱情需要的是甜言蜜语，而不是谎言，谎言只会浇灭爱情的火焰。但是在高情商的人看来，有一些爱情谎言不仅不会破坏幸福的爱情，还会使得爱情之火越烧越旺。当然，这里说的谎言指的是一些善意的小谎言，渴望拥有幸福爱情的人都应该知道，并且铭记于心。是真心话当然最好，如果不是，也请把善意的谎言说给他（她）听。

公司聚会后，苏西醉醺醺地回到了家里。老公扶她进门并殷勤地帮她脱下外衣，没想到却在口袋里发现了一张照片，上面是一个非常英俊的小伙子，背面还写着一行字：“看到你的第一眼，我就深深爱上了你。”苏西的老公立刻大发雷霆：“这个男人是谁，这是怎么回事？你今天就是跟他鬼混去了吗？”

苏西根本不认识照片里的人，她心里也很疑惑，但却表现的非常平静，对老公说：“今天是公司聚会，有个男同事对一个女同事感兴趣，所以把照片给我，委托我帮他们介绍。你真爱吃醋，小气鬼！”听她这么说，老公才转怒为笑了，因为他也知道妻子经常帮公司里的男女介绍朋友。

事后，苏西了解到那是同事们搞得恶作剧。因为她们都知道苏西的老公是个大醋缸，于是便将一张帅哥的照片偷偷放进她的口袋里，企图捉弄他们。结果，聪明的苏西用善意的谎言解决了这件麻烦事。

由此可见，有时善意的谎言对巩固爱情有益无害。要想为爱情保鲜，要想牢牢抓住对方的心，一定要懂得运用情商的智慧，在特定情况下撒一些善意的小谎言。

值得注意的是，作为一个高情商的人，你必须明白，如果你想把这种被爱的感觉长久地维系下去，就必须让你身边的这个人也有被尊重、被感谢、被爱的感觉。也就是说想要享受爱情的滋润，爱与被爱同样重要。在完美的爱情中，需要男女双方付出近乎平等的爱。因此，不要忘了时不时地问自己一声：我是否能像他（她）爱我一样来爱他（她）？那么，你们在情商指导下的爱情，一定会是最甜蜜、最幸福的。

高情商助你度过婚姻之痒

幸福的婚姻不仅需有交流思想，也要感情交流，把感情关在自己心里，也就把妻子推到自己的生活之外了。

——奥斯汀

相信我们每个人都渴望有一桩幸福美满的婚姻，但事实常常不如人们所愿，是命不好吗？

不是的，是因为有些人没有用情商好好经营自己的家。作家洪烛就曾经在一篇文章里写道："爱情跟塑料、皮革、丝绸一样，也会老化。老化的爱情，强度与韧度大大地削弱，变冷变硬，稍不留神就会开裂。"

因此，如何经营婚姻就成了一门学问，我们在经营婚姻时，是需要一点点智慧和技巧的，下面就让情商来帮帮你吧。

第一，在婚姻里，要知道彼此要的是什么。

婚姻，既是展示自己、剖析自己、施展魅力（甚至改变自己），也是结识对方、了解对方以致适应对方的一个双向过程。高情商的人在与爱人沟通时不会一切以自我为中心，不会由着自己的性子办事，他们总是会察言观色，先了解对方在想什么或者想要什么。

芳芳结婚后，总是感觉不如意，每天烦琐的家务事让她焦头烂额，家庭生活也是单调乏味。

一天，芳芳向女友倾诉了心中的空虚和寂寞。并苦笑着说，只有摆弄花的时候，她才能找到一点久违的浪漫。女友望着她养的花问："这些花开得如此鲜艳，如此茂盛，你是怎么照料的？”她说：“我除了按时浇水施肥，每年还给它们剪枝、松土、换盆。天气好时，搬到屋外面，让它们吸收阳光；碰上刮风、下雨，我就把它们搬回屋内……”

还没等她说完，女友就打断了她的话：“那么，你为你的婚姻都做了些什么呢？”芳芳顿时语塞，女友的话一下子点醒了她。从那以后，聪慧的她开始像养护花草那样经营自己的婚姻。她买了一大摞丈夫喜欢阅读的杂志，还经常找时间与丈夫沟通，而且做家务时也不抱怨了。当她做出这些改变之后，她惊喜的发现丈夫也好像变了样，一有空就帮她洗衣服、刷碗、打扫屋子，周末常常陪她出去散步、游泳、打网球等。慢慢地，婚姻变得更加有味道，他们开始有滋有味地享受甜蜜的爱情以及家庭的温馨，两个人的笑容越来越灿烂，脸上洋溢着无法掩饰的幸福。

这样的相处模式会使双方更乐于付出，妻子能给予丈夫挚爱与接纳，丈夫也能回报妻子最渴望的支持与感激。

现实生活中的我们，也可以试试这种相处模式：

作为丈夫来说，你要了解妻子对爱的需求方式。一般来说，只有当你对妻子表示兴趣、关心、理解时，妻子才会觉得被爱、被关心，她才会有幸福的感觉。因此，要多为她营造温馨浪漫的气氛。例如要在生活中注意让妻子高兴的每一件小事；尤其要体谅她细腻的感情，要像恋爱时那样关心、爱护她，常说一些使她幸福愉快的事；做事时要带有浓厚的感情色彩；还要有勇气检查一下自己，清除那些会伤害感情的东西。

作为妻子来说，每天也都要表现出爱心，因为男人同样需要一块爱的蛋糕，并还需要在上面加一点糖。因此，你需要万事存着感激之心，例如对于丈夫为你做的每一件小事，都要表示由衷的谢意；丈夫每送一样结婚纪念品、生日礼品或陪你看一场电影，你都要赞扬和感谢他，正如女人需要男人的浪漫和忠诚一般，男人也需要女人的赞美和感激。

第二，婚姻中也需要保持住恋爱时的浪漫。

我们常常听人说婚姻有“七年之痒”的说法，其实这是由内心的倦怠造成的。一对夫妻结婚几年或十几年，一直在一起生活，对方的一举一动、一言一行，自己都了如指掌，彼此之间就会渐渐失去了当年的新鲜感，似乎爱情已过了保质期，浪漫早逝，温情不再，婚姻难免出现问题。但如果你懂得时常在平凡简单的生活中加入一点恋爱时的浪漫元素，那么你的婚姻一定“痒”不起来。

有这么一个故事：

一对结婚七年的小两口，白天应付工作，晚上应付孩子，两人却都没有精力应付对方了，渐渐地他们之间的话越来越少。

女人首先意识到了他们之间潜伏的危机，一天，她对男人说：“我有个郑重的要求。”

“什么要求？”男人漫不经心地问。

“每天抱我一分钟，可以吗？”

男人看了女人一眼，笑了：“有必要吗？”

“我提出了这个要求，就证明十分有必要。你发出了这个疑问，就证明更有必要。”

男人笑着答应了，当下就抱了女人一分钟。而且以后的每一天，他都会抽个时间抱她一会儿。

渐渐地，两人的关系充满了一种新的和谐。终于有一天，女人要去长期进修。临上火车前，她对他说：“你终于暂时解脱了。”“我会想着抱你的。”男人笑道。果然，她到学院的第二天就接到了丈夫的电话，顿时，她的眼睛里溢满了泪水。

这就是高情商女人的聪明之处。其实不管男人还是女人，每个人的内心里都有着对浪漫爱情的美好愿望。可能有人觉得浪漫就是献花、跳舞，没有时间、没有钱就不能浪漫。这你就错了，要知道，浪漫的形式可以是丰富多彩的。例如：八月十五，一家人赏赏月，带小孩吟诵“床前明月光”；生日里，举行家庭烛光晚会，即使没有生日蛋糕也不要紧，只要有点儿新鲜的节目就行；结婚纪念日，亲朋好友在一块儿聚聚餐，席间说说婚恋时闹出的笑话，再去照张全家福……这些不都是浪漫的表现吗？只要你时时拥有一颗爱人的心，那么所有的奇思妙想都会涌现，所有的恋爱感觉都会回归，婚姻会变得瑰丽多姿，生活会变得绚烂多彩。

当婚姻生活日趋平淡之时，学会用浪漫来点缀庸碌的日子吧，让婚后的二人世界仍然沉浸在如胶似漆的情境之中，只有这样，你的爱情与婚姻生活的情商就达到了艺术的境界。

当然，高情商的人在经营婚姻时，还有很多技巧。例如，和对方的家庭处好关系、在外人面前时时维护对方的形象等等，只要是对婚姻有利的事情，高情商的人都是不吝去做的。

值得强调的是，爱情之花也是需要夫妻双方共同精心培育和浇灌的，如果有一方忘记了呵护，那么这朵爱情之花就会枯萎、凋谢。不过，与其改造别人，不如首先改造自己，相信你也一定会得到对方的呼应。

当高情商者遭遇外遇

恋爱是美丽的，婚姻却是神圣的。

——伊丽莎白·巴托里

没有人能保证婚姻生活永远如我们想象中的完美，当一个人对婚姻感觉乏味或是疲惫的时候，感情的游移最易发生。当婚姻中的“第三者”真实地出现在你面前时，你是束手无策、哭闹上吊，还是努力挽回？你会发现，情商在此时显得尤其重要。

首先，在发现一方有外遇时，另一方应该正视这个问题，不需要装聋作哑、自欺欺人，那样可能永远无法面对婚姻中的真正问题，就无法从中寻找解决之道。要勇于表达出来，好让对方了解你因这事受到的伤害，否则，他（她）可能因为不明白自己给对方造成的伤害，重蹈覆辙。

但是不要大吵大闹。当第三者出现时，最忌讳的就是情绪失控。我们看看下面这个女人是怎么做的：

露露的婚姻生活似乎是幸福的，但是又平淡无奇，总好像缺了点什么，一件意外的事情让她明白原来爱正在慢慢离开。

那一天，露露约了多日不见的女友小希一起吃晚餐。可刚走进餐厅，小希突然变色道："啊，露露，那不是你老公吗？"她定睛看去，前面正是他的老公，并且，还紧紧握着旁边一个年轻女孩的手。

露露的脑子一下就蒙了，老公出轨了。当时她连那个女人的样子都没有看清，甚至连想都没有深想，就像她平时面对市场客户那样，她直接走上前去，笑呵呵地大声对先生说：老公怎么你也在这里？正好我也累了，咱们回家吧！她连正眼都没有看一下那个女人，就直接挽着先生的手回家了。后来倒是小希留在现场，把那个吓得花容失色的女孩痛斥了一顿。

接下来，回到家，她就向老公摊了牌。不过她并没有哭闹诉委屈，而是直接表明了态度：你和她，是必须分手的。是你去跟她说还是我去？态度不容置疑。自知理亏的老公低着头小声回答："我去。"她继续问："给你一星期，够吗？"在得到肯定的答复后，她终于伤心地哭了。同时，她也明白，是她开始拯救婚姻的时候了。

故事中的露露无疑是勇敢的，也是聪明的、大度的高情商女人。因为只有自己平静了、坦然了、从容了，才能有积极的行动拯救对方，拯救婚姻。

然而，现实生活中，很多在婚姻中遭遇外遇的人，在伤痛之余，可能觉得有权表现自己的气愤、伤心、妒忌等负面情绪，于是选择又哭又闹、大吵大骂，觉得只有用那些严厉的措辞、高亢的声调，才能让对方知道你有多生气，下次他（她）才会改变自己的行为。

也许会有另外一种可能，就是男人因为受到你强烈的人身攻击，而产生这样的想法："反正我对他（她）已经伤得太深，就算再怎么道歉也弥补不了我所造成的伤害，不如放弃算了。"因而打消了原先的歉意。而且，大吵大闹还可能造成另一种情况，就是让出轨的一方觉得你不可理喻、令人烦心，因而不愿回家面对你，甚至觉得自己的外遇有理："就是因为你无理取闹，才逼得我往外发展……"结果在外面流连忘返。

那么，外遇发生后，该怎样沟通，来解决两人之间的问题呢？

最好是要压抑住自己过于情绪化的反应，去表达愿意了解对方的意愿，比如用以下这些开场白："知道这事后，我很惊讶，想听听你的想法。""说实话，我这几天都很难过，你能不能告诉我，你对我们的婚姻有什么想法？""你一直是我最爱的人，你对我有什么看法呢？"这些话可以引导两人走上沟通之途。而下面这些开场白虽然看似解气，却可能使事情越来越糟："你这个忘恩负义的东西，我到底哪里对不起你？""你怎么可以这样对我？""我哪里不如他（她），你说？"这些富有攻击性的开场白只会激怒对方。而当一个人情绪受伤，理性的沟通能力就被抛到九霄云外了。因此，如果真的有心沟通，就不要剑拔弩张，来势汹汹。

接下来，在两个人讨论的过程中，要把焦点放在彼此的关系上，试着去了解原因，以便决定最合适的下一步。这时候，可以问以下这些问题："你觉得在我们的关系中缺少了什么，才使你转向别人？""我要怎么做，会让你比较愿意回家吃晚饭呢？"你希望我在你心情不好的时候，做些什么呢？"只要对方仍然想要维持两人的婚姻，并积极修复两人的关系，那么随着时间的推移，两人的感情仍然存在着很大的改善可能。

沉着冷静，良好沟通，正是高情商者对待外遇的基本态度。冷静下来后，再找适当的时机和对方一起探讨，纠正你们对婚姻生活共同的误区，然后一起用实际行动来改善，最要紧是要给他更多的关心和重视。

另外，经历过外遇后的婚姻，也离不开情商的指导。

从爱的平衡的角度看，作为受伤害的一方，可以做一些回击，以便保持双方付出与接受之间的平衡。但这并不代表你可以一提再提，翻来覆去没完没了。更不要因为觉得自己占了理，便成为强势一方，一有口角，便拿出来晒，逼得对方哑口无言才罢休。

爱人做了错事，就像是不小心掉进了一个坑，地位一下子比你低了很多。如果他（她）自己不想办法主动从坑里爬出来，或者你始终将他（她）踩在下面，不让他（她）爬出来，那么，两人就无法像以前那样平等对话、真诚相爱。等级地位悬殊的人何谈“爱”呢？这样，只会让丈夫和妻子都有一种别扭的感觉。得饶人处且饶人，允许对方从坑里爬出来，以平等的地位和自己对话、相爱，而不是让他（她）长期背负罪责低头生活，这才是一个高情商的人修复婚姻的智慧之处。

外遇是每个人所不希望的，但是外遇发生后，重要的不是报复对方，而是如何妥善解决，亡羊补牢。只要你不想放弃他，只要对方还有改过迁善的愿望，你不妨用宽广的心胸包容他，给他改过的时间和空间。

你的情商决定孩子的一生

家庭是培养情商的第一所学校。有高情商的父母，才有高情商的孩子。

——丹尼尔·戈尔曼

我们已经知道，情商不是天生的，而要通过后天的培养，尤其需要孩子在童年时期接受良好的情商教育。因此，父母作为孩子的第一任老师，对孩子情商的高低起着至关重要的作用。受到父母情感教育的儿童，会在人生较早的阶段就养成成功人士的高情商与成功习惯：他们举止更得体、能在烦躁时克制自己，而且注意力更易集中、能在交往中形成友好的人际关系，学习成绩也更好。

一般来说，父母对孩子情商的培养，包括无意影响和有意培养两种。

无意影响：你的情商关系到孩子的情商

孩子情商的高低，与他的生长环境有很大的关系，父母处世的方式往往会对孩子的成长造成巨大的影响。因此，要想培养出高情商的孩子，你就要先成为高情商的父母。

第一，保持良好情绪。

从情商的角度而言，孩子愈打，就愈不成器。

一位父亲向人诉苦："你说说该怎么办？这孩子我不管怎么打他、骂他，他还是那么暴躁、无礼。"

如果仔细一想，你就会发现，这还真是"有其父必有其子"呢！

要让孩子学会很好地控制自己的情绪，父母首先要在孩子面前保持理智，做好表率。如果父母遇到了不顺心的事，就忍不住发脾气、摔东西、歇斯底里，甚至拿孩子撒气。孩子从小见证父母"挫折——攻击"的情绪反应模式，久而久之，当然就有样学样，一不高兴也会"照方抓药"，用同样的反应模式来处理自己的情绪，因此极易形成缺乏涵养、性情暴躁，悲观的性格，失去对挫折的"抗寒"能力。

第二，与人和睦善良。

父母之间与外人的沟通方式，影响孩子的人际交往。

楼道里的灯坏了，女孩的妈妈总是不声不响就给换了，也从不曾和谁说过一句恶言。妈妈的善良一直影响着女孩，直到她有了自己的家庭。结婚后，她对婆家人都是一样的好，从不在小事上斤斤计较，她的小孩得到的都是正面的爱的回报。这是一种家的正能量气质的传承。

向善的家庭培养出来的孩子，与人相处是友善的，为别人着想，也更容易得到群体的接纳与喜爱，孩子的情商和智商都能得到很好的发展和提升。如果一时做不到心平气和地沟通，那就请切记，大声的争吵一定要避开孩子。

第三，冷静处理问题。

孩子对事情的诠释，常会被父母的反应所影响。在压力之下保持冷静，是最好的身教。

孩子没考好，妈妈如临大敌："这下完了，我的孩子考砸了……"

此时，孩子会从妈妈这个反应里学到："完蛋了！考得这么差，就要世界末日了。"

没有父母作为表率，年幼的孩子如何去找到缓解压力及稳定情绪的力量？所以，面临压力的时候，示范给孩子看：你不需惊惶失措，而可以波澜不惊。

有意培养：做一个合格的情商教练

孩子的成长需要老师的引导，而父母是任职时间最长的老师，也是最能影响孩子的老师，能否从意志品质、自信心、人际交往、自控情绪和自我认知等方面对孩子有意识地引导和教育，会对孩子的人生产生重要的影响。

一个合格的情商教练会做以下五件事情：

第一，察觉孩子的情绪。

孩子如同成人一样，他们的情绪背后有其原因。作为父母，你要经常关注孩子微妙的感情波动，当发现孩子有不明来由的生气或沮丧时，不妨停下脚步来了解他们生活中发生了什么事情，并且运用一些方法来引导孩子安全地表达各种情绪。

妈妈对圆圆的坏脾气十分头疼。可是经过一段时间的留心观察后，妈妈发现，圆圆总是在大人不耐心或有恼怒表情后开始"发怒"。妈妈不禁有些醒悟，也许圆圆看到大人生气会想到他们不再爱她，所以有危机感，她或许是因恐慌而暴怒。于是，在圆圆又一次哭闹时，妈妈一反常态，和颜悦色地拥抱她，并对她说："妈妈知道你心里难过，能不能告诉妈妈为什么难过呢？"圆圆吞吞吐吐地说："我看你刚才生气，以为你不喜欢我了。""傻孩子，妈妈怎么会不喜欢你呢？刚才妈妈情绪不好，所以对你态度也就不好了。可是妈妈是喜欢你的，你要相信妈妈。"这样，以后每当圆圆想要发怒时，妈妈总是向她声明自己爱圆圆。这的确使圆圆平静了许多，她不再没完没了地"找麻烦"了。

第二，认识到情绪是融洽亲子关系和调教孩子的机会。

做好情商教练的关键在于，当孩子出现情绪时与孩子有效互动。比如，当孩子哭泣、悲伤时，可以恰当地告诉孩子："哭泣是不好的，悲伤会让人变得很丑。"再比如，当孩子在失败后还面带微笑时，告诉孩子："宝贝，你很乐观，你是最棒的！"孩子将来会面对人生的诸多曲折、难题，正确的对策是尽力去解决它。

现实生活中，一些父母试图忽视孩子的负面情绪，希望他们的情绪过去，但常发现效果不好。事实上，情绪的舒解需靠父母协助孩子帮孩子澄清情绪、了解情绪，才不致使情绪扩大或恶化，而且，在这个过程中，既教育了孩子，又融洽了你们之间的亲子关系，何乐而不为呢？

第三，用同理心倾听，认可孩子的情绪感受。

大人们在日常生活中难免有些不如意，孩子也未尝不是如此，他们此刻最需要的是有人能了解他们，有人能倾听他们，有人能给予情感的接纳和支持，而不是太快、太早地提供意见，也不是一味地安抚、宽慰。父母应该做的是，引导孩子把压郁在心里的话说出来，即使是哭出来，也能在一定程度上解决问题，别让孩子把伤痕埋在心底，成为胸口永远的痛。然后你会发现当孩子向自己倾吐后，他们不仅在情绪上雨过天晴，在想法上找到问题的原因，而且在行动上也找到了解决的办法。

第四，帮助孩子找到表达情绪的词语。

帮助孩子能够表达清楚自己的感情，让孩子能更好地与人交流。因此，教会孩子明白一些具体的词汇，如“失落”“内疚”“孤立”等，有助于你的孩子从一种混乱的恐惧感情状态中走出来，进入正常的可以说明白的生活状态。或许他就会自言自语，自我安慰：“小鹏想让我忌妒他，我才不呢，我要离开这里。”

第五，引导孩子找到解决方案。

孩子一旦了解到他感情的来源所在，感情的问题也就比较容易解决了。他可能会认识到自己感觉寂寞的原因是小朋友不愿和自己玩，而不只是自己感觉“很糟”。你可以帮助孩子寻求下面的解决方案：让他给朋友打个电话，或者去拜访邻居。他下一次感到寂寞时，就可能会利用这些办法来解决问题，不再需要依靠你的帮助了。

在此我们引用高尔基的一句话：“爱护自己的孩子，这是母鸡都会做的，但要教育好孩子，却是一门艺术。”给孩子的情感世界提供引导，是每个家长应该也必须要学会的本领，这样你才可以放心放手，让孩子带着坚定的自信去面对未来生活的挑战。

用情商营造轻松的家人世界

为了爱情的继续，婚姻的美满，妻子固要取悦丈夫，丈夫也要取悦妻子，至于如何取悦，乃是一种高级的艺术。

——柏杨

人总要寻求依靠、安全与温暖。而家庭就应该是一个避风的港湾、心灵的驿站；一个可以分享快乐、分担痛苦，接纳悲情、理解委屈的地方；一个可以脱下外套、卸掉面具，放松姿态、静心养生的处所。

不过，这种轻松的家庭氛围也是需要你用高情商来创造的，家有情商万事兴，而那些家庭不幸、亲情悲哀、人生悲剧，大多是“情商低”惹出的祸。

营造轻松的家人世界，有“五项要点”：

夫妻之间留空间

我们知道，手上的沙子握的越紧，它流失的越快，其实夫妻之间也是一样，给彼此一个自由的空间，才能让紧张疲惫的身心在家中得以放松，家庭才能得以和睦幸福。

张扬和王兵是大学同学，上学期间，张扬就一直很关心王兵，结婚后，仍然对他关怀备至，管他吃喝不说，也管他回家和工作。第二年，他们有了儿子，张扬骄傲地对女伴说：“我管着这两孩子，累死了！”可是王兵越来越“不服管”了。总是吵吵闹闹，两人关系也因此越来越紧张。

在婚姻生活中，一方总想把自己的爱全部奉献给另一方，但这种奉献有时会变成一种束缚，结果使得大多数人在过度的关怀下饱受煎熬。夫妻空间有所保留，才是高情商夫妻相处之道。

不过，空间的距离很好测量，心理的距离却难测。夫妻间要留多少空间才合适呢？一个最通俗的比喻：夫妻就像两只相互依靠彼此取暖的刺猬，远了，温暖不到对方；近了，会被对方身上的刺扎到。一次次冲突之后，慢慢调整距离。

抛弃令人心碎的批评

关于婚姻不幸福的原因，权威人士桃乐丝·狄克斯宣称说，百分之五十以上的婚姻是不幸福的；诸多罗曼蒂克梦想之所以破灭在雷诺（美国离婚城）的岩石上，原因之一是：批评，毫无用处，却得到令人心碎的批评。假如你要维持家庭生活的幸福、快乐，请记住：“不要批评。”

在公开场合中，英国最威严的首相格莱斯顿是一位让人敬畏的老人；

但在家中，则永远不批评。当他到楼下要吃早饭的时候，看到的却是全家的人还在睡觉，他就以和婉的方式来表示他的不满。他提高了声音，唱着不知其名的圣歌，声音充满整个屋子，来告诉家里的人，全英国最忙的人已经自己一个人在楼下等着吃早饭了。他保持着外交家的风度，体谅人的心意，并强烈地控制自己，不对家事有所批评。

高情商的人总是分的清什么是可以忍耐的小缺点，什么是对婚姻至关重要的大问题，而且在委婉指出对方的问题时，他们也总是用“我真高兴你能用心听我说话。”来代替“你从来就不听我说！”

但糟糕的是，更多的夫妻总是用辱骂、奚落和批评来改善对方。批评固然能影响他人，却也能割断、破坏两人的关系。所以，我们要想有家庭天伦亲情，就要学会多积感情，少生是非，多些谅解，少些批评，家才能成为我们幸福的港湾。

忍一忍，想一想

忍让，是家庭和谐幸福的一个必不可少的条件。试想，如果家庭成员之间因磕磕碰碰、丁点的小事，不知忍让，不去克制，便针扎火爆地发脾气，耍野性，这个家庭还有什么和谐幸福可言呢？

李太太把满满一桌饭菜凉了又热，热了又凉，那可全都是李先生爱吃的。然而李先生早忘了今天是他们结婚5周年的纪念日，而迟迟在外不归。终于，李太太听到了钥匙的开门声，这时愤怒的李太太真想跳起来把李先生推出去。李先生的全部兴奋点都在今晚的足球赛上，那精彩的临门一脚仿佛是他射进的一般。李太太真想在李先生眉飞色舞的脸上打一拳，然而一个声音告诫她：“别这样，亲爱的，再忍耐两分钟。”两分钟以后的李太太，怒气不觉降了许多。“丈夫本来就是那种粗心大意的男人，况且这场球赛又是他盼望已久的。”她不停地安慰自己，尔后起身又把饭菜重新热了一遍，并斟上两杯红葡萄酒。兴奋依然的李先生惊喜地望着丰盛的饭桌：“亲爱的，这是为什么？”“因为今天是我们的结婚纪念日。”愣了片刻的李先生抱住李太太：“宝贝，真对不起，今晚我不该去看球。”

李太太笑了，她暗自庆幸几分钟前自己压住了火气，没大发雷霆。

很多时候，夫妻吵架都是因为一些不值一提的小事引起的。这时能以“忍”字为先，多站在别人的角度想一想，矛盾也就烟消云散了。当你理解了，宽恕了，容忍了，也就不会放到心里去。这才是真正的忍，忍了之后，自己的心里也是坦然的，宽阔的，清爽的，平静的。

真诚地欣赏对方

让你的爱人了解，你的确很欣赏他（她），这是保持家庭生活幸福，增进双方感情的有效办法。

这个故事，相信很多人都听过：有一位农家妇女，经过一天的辛苦之后，在她的男人面前放下一大堆草。当他恼怒地问她是否发狂了，她回答说：“啊，我如何了解你注意了？我为你们男人做了20年的饭，在那么长的时间里，我从未听见一句话使我知道你们吃的不是草！”

“好好地捧一捧这位小妇人。”格恩这样说，她们都喜欢被人这样。假如你要保持家庭生活快乐，请给予对方真诚的欣赏。

有人说，他（她）没有优点怎么办？我们承认人无完人，但是说一个人没有优点是不可能的。每个人都背着两个口袋，一个叫做优点，一个叫做缺点，优点放在前面，缺点放在后面。因此每个人都很容易看到别人的缺点和自己的优点，而很难看到自己的缺点和别人的优点。我们不妨学习一下看孔雀的方法。大家都知道，孔雀开屏是很美的，没有人会反对这种说法，可是如果你站在孔雀的后面只盯着一点来看的话，那你只能看到孔雀又黑又丑的屁股。因此一定要换一个角度，从另一个窗口来看你的另一半。

夫妻之间也要注意礼貌

对于陌生人，我们不会企图去打断他的话，没有获得允许，我们不会想去拆开朋友的信件，或者偷窥他们私人的秘密。但对我们自己家里的人，也就是我们最亲密的人，居然赶不上对待陌生人那样有礼貌，那么，怎么会有轻松愉快的家庭氛围？你要想维持家庭生活的幸福快乐，维持夫妻之间的良好关系，就要遵循“殷勤有礼”的家庭规则。

瓦特·邓路之是美国最著名的演说家之一，并且曾经做过一次总统候选人的詹姆斯·布雷恩的女儿的丈夫。自从多年以前他们在苏格兰的安祖·卡耐基家里相遇之后，懂得了夫妻相处应该殷勤有礼，邓路之夫妇就过着令人羡慕的愉快生活。

礼貌对婚姻，就像机油对于马达同等的重要。一个高情商的人，即便心情不好，也尽量想办法不让他的家人了解。自己要承受这些不快，还要不使这些不快影响到其他人，这才能够使家庭和睦幸福。

但是现实生活中，有些人却常常不这么做，办公室里出了差错，或失去一笔买卖，或挨了老板一通官腔，累得头痛，没能赶上交通车等等，几乎还没有回到家，就想把气出在家人的头上。这正是低情商的人易犯的错误。在荷兰有个习惯，你要把鞋子留在玄关外面，然后才能走进屋里。我们也应当跟荷兰人学一学，在进到屋子之前，把一天工作上的麻烦，脱下留在外面，自然就会营造出轻松的家人世界了。

中篇 情商的力量：你的命运掌握在情商手中

EQ

第六章 社交用情商——高情商是社交"入场券"

绝大多数的人会认为人际关系是令他们头疼的麻烦事儿，奇怪的是你越觉得它讨厌，你就越不容易搞好它。于是，我们总是羡慕一些总受人们喜欢的人，不知他们的成功秘诀在哪。其实，差别就在于你是否能管理他人并影响他人。高情商者不仅会受到他人的喜爱，更易得到别人的帮助，因为他们很受众人的欢迎。

你的情商就是你的吸引力

只有肚子饿的时候，吃东西才有益无害；同样，只有当你有爱心的时候，去同人打交道才会有益无害。

——列夫·托尔斯泰

如果你细心观察，你总会在人群中发现这样一类人：他（她）也许并不具备特别的背景，长得也并非倾国倾城，但是每个人都很喜欢他（她），没人排斥他（她），挑他（她）毛病，不管在什么时候在什么场合，他（她）都是那个最受欢迎的人。这就是情商的奇妙之处。

高情商的人除了能清楚地表达自己的感受外，对他人的感受和情绪也比较敏锐，能很好地传达别人的意见和化解严重分歧。所以，他们的交际能力得到大家的一致认可。

微笑是高情商者的美丽外衣

微笑是一个人最具感染力的表情，经常面带微笑的人，在社交中能散发无法抵挡的魔力。一个高情商者，一定是一个善于用微笑来武装自己的人。

在法国巴黎有一处叫科尼克亚的购物中心，即将开业了，可经理还在为售货员的工作制服没有确定而十分苦恼。

之前有好几家服装公司都送来了设计得简洁、美观而富有特色的竞标样品，不过他选来选去都觉得少了点什么似的。这个经理只好向他的朋友——世界著名时装设计大师丹诺·布鲁尔征求意见。当时已经83岁的时装设计师给他的忠告是："其实员工穿什么衣服并不重要，只要他们面带微笑。"

现在，科尼克亚购物中心已发展成巴黎最大的购物中心之一，并以销售法国纯正葡萄酒而享誉全世界。同时，它也是巴黎少有的几家没有统一的员工制服的购物中心，但是它的服务和微笑被公认是世界一流的。

的确，微笑——这一个简单的面部表情，是非常具有感染力的。人与人彼此之间微笑，无论是生活还是工作，都将更加融洽和愉悦。因为它所传递的是一种善意、愉悦，能让人有如沐春风般的感觉。因此，它对消除彼此的隔阂、缩短彼此的距离能起到立竿见影的效果，是高情商者在人际交往中无往而不利的"人际交往高招"。当你学会用"今天你微笑了吗"作为自己的座右铭时，你会发现，"你给世界一个微笑，世界也会还你一个微笑"。

但是你要记住，我们需要的是发自内心的真诚的微笑，虚伪的假笑骗不了任何人。相反，它只能令人生厌。而发自内心的、真诚的、温暖的微笑，才能在交往中取得好效果。

赞美是高情商者的日常语言

卡耐基曾经说过这样一句话："不管是屠夫，还是面包师乃至宝座上的皇帝，统统都喜欢别人对他表示好意。"现实生活中，我们也发现善于赞美别人的人通常都会得到大家的好评，人们都喜欢赞扬自己的人。而之所以人人都喜欢赞美，不仅在于人都喜欢听甜言蜜语，更重要的是人都渴望获得认同和欣赏，而赞美就包含了这两个方面。所以，再没有比真心称赞别人更能打动人心了。

赵伟上大学时，班上有个很懂得欣赏别人的同学，常听到他对别的同学赞不绝口。当时，他觉得那个同学挺庸俗，年纪轻轻就精于世故，整天就知道“阿谀奉承”，真没有意思。

让赵伟不解的是，这个“庸俗”的同学在同学中人缘极好，在竞争意识很浓、谁也不服谁、彼此“封锁”信息的环境中，这个同学似乎是个例外，他很吃得开，能跟大多数同学进行交流沟通。更令人刮目相看的是，这位同学的成绩由入学时的倒数一路飙升。等毕业的时候，他已在年级中名列前茅了。但赵伟还时常能听到他对别人的赞扬。

可见，赞美的语言对人际沟通、维系良好关系会产生重要的作用，它会从不同的方面满足给予赞美和得到赞美的人们，它不仅是调整心灵的润滑剂，也是与人沟通的重要课题。高情商者可以随意地利用赞美这一武器来获得友情，获得成功。

然而，现实生活中，大多数人都不是赞美高手，他们仅止于知道赞美的重要，却不熟悉赞美的方法和技巧。从赞美的形式上来说，有公开赞美、单独赞美、由他人传递赞美等，如果你可以把多种形式相结合就能把赞美的作用、范围进行很好的扩大，进而增强赞美的效果；从赞美的态度来说，要公正、真诚、得体，还要及时而不失时机；从赞美的内容来说，要找到对方希望被赞美的内容，可以从对方的年龄、身份、职业等入手，而且要注意从细节入手，避免落入俗套、空洞。

幽默是高情商者的特有品质

有句话叫“博人好感者必善其幽默。”或许有点儿夸大，不过幽默也确实常常被高情商的人运用于人际交往中，并起着不可忽视的作用。

1982年，美国著名的影星保罗·纽曼为了祝贺纽约布鲁克林大学新设电影系，特地访问该校，主持了新片《恶意的缺席》的试映会，并参加学生的座谈。

座谈一直在友好的气氛中进行，突然，有一位学生忿忿不平地说："我从收音机听到这部电影的广告最后一场是拼得你死我活的枪战场面，可是实际上，片尾非常平静和平，像这种虚伪的广告宣传实在要不得。"

当时，这位学生说得义愤填膺，现场的气氛顿时变得十分紧张，大家的目光也都集中在了保罗·纽曼的身上。不过，出乎大家意料之外的是，保罗·纽曼既没有尴尬也没有生气，他镇定地回答说："我完全不知道广播电台的广告内容。"他顿了一下，接着说："不过，下一次的片尾一定会出现激烈的射杀场面。镜头上出现的是：我用枪打死了那位收音机播音员。"

保罗·纽曼用幽默的回答引起哄堂大笑，也化解了紧张的气氛，赢得了更多影迷的爱戴。

无怪乎保罗·纽曼会成为好莱坞最受瞩目的男演员，这与他的高情商是分不开的。试想，如果当时他针锋相对，或是摆出一副高傲的明星架子，那么结果一定是不乐观的。

所以说，如果我们想在社交活动中给人一个良好形象，就必须运用幽默。幽默的社交，可以让人觉得醇香扑鼻，隽永甜美。幽默的社交，可以把别人的心吸入你的幽默磁场，在一起笑的时候，会使彼此的感情产生交流。

其实，许多人也都知道幽默的重要性及好处，也希望自己成为一位具有幽默感的人。但是，自己却不是天生幽默，不过不用担心，幽默感也是可以后天训练培养的。

要想培养幽默感，你首先应该允许这种行为，然后才能慢慢接受。这需要你有豁达乐观的胸怀，有自嘲的勇气和接受幽默的风度。

其次，幽默也是需要素材的，这就是为什么那些幽默的人往往也是最会讲故事的人，他们能在故事里穿插幽默。所以，为了让自己懂得幽默和运用幽默，要多读些幽默笑话等书报，还可以去观看喜剧等，充实自己的笑料库。

另外，你还可以从他人身上学到幽默的技巧。相信在你周围的朋友当中，一定有几个比较有趣的人。平和多接触他们，并多观察他们是如何与人相处的，看看他们如何吸引大家听他讲话，尝试用他们的方法和人沟通，慢慢地，再将自己的独特风格融入其中，相信你也能成为一位受欢迎的幽默大师。

总之，如果我们也能像高情商的人这样，掌握一些基本的交往技巧，我们也会成为让别人喜欢的人，这无疑也会增加我们成功的几率。

用情商轻松破解社交难题

不讲究客观实际的“直言”，会违背人们的接受能力和人们审美的心理要求，使人难以接受，往往欲速则不达。

——马役军

我们每天都不可避免地与他人交往，每天都有可能遇到社交的难题，比如批评、拒绝、求人……这些话让我们难以开口，又不得不开口。不过，对于高情商的人来说，这些难题都可以轻松解开。

批评时：亮出你宽容的风度

人都会有做错事的时候，如果这时你是有理的一方，并且是管束人和裁决者，你会怎样做呢？

有个战士站岗睡觉，一位指导员查到后，就严厉训斥：“我早就说过，站岗不准睡觉，你老是跟我作对，回去以后写好检查，等我明天再来收拾你……”而另一名指导员，却是和蔼地说：“这样吧，你先去休息一会儿，我不困，替你先站一会。但是你要记住，战士站岗睡觉，在平时可能是小事，在作战时就有可能丧失一个连队战士的生命，你自己好好思考一下……”。

两位指导员在对待战士站岗睡觉这个错误问题时，由于讲话的语气不同，一个忠言顺耳，一个忠言逆耳。结果，前一名战士因为指导员口气生硬，语言简单，他心服口不服，产生了明显的对立情绪，不但没有改正错误，还导致后来经常与指导员对抗。后一名战士因为指导员善于疏导，晓之以理，语言和气，忠言顺耳，他主动地承认了错误，并接受处理。

对于高情商者来说，宽容是他们的美德。这两个指导员的情商一高一低，效果就确实差了一大截。宽容比指责更能让人先达到目的，而且收获人心。

不过，要想做到宽容也不容易，情商给你的建议是：将心比心，才能做到宽以待人，推己及人。推己及人，是以自己为标尺，衡量自己的行为举止能否为人所接受，其依据是人同此心，心同此理，将心比心，设身处地。还可以用角色互换的方法，假设自己站在对方的位置上，想一想对方会有什么反应、感觉，从而理解他人，体谅他人，懂得了这点，当别人理短时就会大度地宽容他人，他人才会在自己理短时服从你，以此建立相互宽容的人脉关系网。

拒绝时：让“不”字打打太极

除了批评，拒绝也不是一件容易的事。因为被人拒绝，它往往显示自己的能力无法获得别人的认可，对一个人的伤害是必然的。但是，高情商的人在处理这个问题时，往往能把伤害降到最低，不但不会给人留给不好的印象，有时还会让对方心存感激。

有一个电视剧，内容叙述一群芭蕾舞演员，应征百老汇歌剧院的歌舞剧主角，经过了几天严格的审查，许多演员都被淘汰了。结果只留两名，又经过一番审度，到了最后，其中一人又被淘汰了。当然评审委员不能直言相告那位被淘汰的演员，为了使她的自尊心不受到伤害，于是对她说：“你的舞艺实在不错，并且非常有潜力，将来的成就必定不可限量。但本剧所需的角色，可能不适合你。因为我们需要一位较为活泼的演员，与你的个性不太符合。但你不用担心，我们还会有新的剧本，必定会有更好的角色等待你来发挥。希望你再继续努力，等待我们的通知。”

这位芭蕾舞演员十分的幸运，因为她碰到了一个高情商的评委。虽然没有得到好的角色，虽然被淘汰了，但没有伤到个人的自尊心，她心中的希望也并没有因此而破灭。

在现实的工作和生活中，我们很难做到也没必要做到“有求必应”，应该“拒绝”的时候就必须拒绝。下面的方法值得借鉴：

直接拒绝。直接向对方说明你的客观理由，包括自己的状况不允许、社会条件限制等。通常这些状况是对方也能认同的，因此能理解你的苦衷，自然会自动放弃说服你，并觉得你拒绝得不无道理。

巧妙转移。不好正面拒绝时，可以采取迂回的战术，转移话题，或另有理由，主要是善于利用语气的转折，温和而坚持，不答应但也不致撕破脸。比如，先向对方表示同情，或给予赞美，然后再提出理由，加以拒绝。由于先前对方在心理上已因为你的同情使两人的距离拉近，所以对于你的拒绝也较能以“感同身受”的态度来接受。

身体语言拒绝。有时开口拒绝对方很难，往往在心中演练了很多次该怎么说，一旦面对对方又下不了决心，总是无法启齿。这个时候，你可以轻轻地摇摇头。摇头代表否定，别人一看你摇头，就会明白你的意思，之后你就不用再多说了。类似的身体语言包括：采取身体倾斜的姿势、目光游移不定、频频看表、心不在焉……

求人时：巧绕弯子好办事

开口求人办事是件很不容易的事，但如果掌握了技巧和分寸，难事也就变得容易了。

华语准备借助于好友李纲的路子做笔生意，在他将一笔巨款交给李纲的第二天，李纲暴病身亡。华语立即陷入了两难境地：若开口追款，太刺激李纲的未亡人；不提此事，自己的局面很难支撑。

帮忙料理完后事，华语是这样对李纲的夫人说的："真没想到李哥走得这么早，我们的合作才开始呢。这样吧嫂子，李哥的那些关系户你也认识，你就出面把这笔生意继续做下去吧，需要我跑腿的时候尽管说，吃苦花力气的事情由我来做。"

这样一来李纲的妻子反过来安慰他道："这次出事让你生意上受损失了，我也没法干下去，你还是把钱拿回去再找机会吧。"

有时，一些话自己说出来显得尴尬，这时，诱导对方开口无疑是上上之策。这样一来，丝毫没有追款的意思，还豪气冲天，义气感人。他明知李纲的妻子没有能力也没有心思干下去，话中又加上巧妙的提醒：我只能跑腿花力气，却不熟络那些门路；困难不小还又时不我待。

这里提供几点攻心的小谋略，在办事的过程中不妨一试。

要多了解对方

只有多了解对方才能够有的放矢，准确地把握对方的心态，这样才能够在和对方打交道时，处于主动的地位，能够遵循对方的心思，以便达到自己的目的。

不可过于使用心机

人们最讨厌就是使用心机的人，所以在进行"攻心"的时候，要做到不露痕迹，不显山不露水地就把对方拿下。如果过于明显，反而会招致别人的讨厌，这样的效果会适得其反，甚至会使你的事情砸锅，以至于前功尽弃。

把自己的真实想法隐藏起来

人人都有自己的好恶，地位比较高的人更是如此。因此，如果能隐藏起自己的真实想法，以他们的好恶为好恶，往往能赢得他们的心。

古人有云：“用兵之道，攻心为上。”“得人心者得天下。”其实高情商者在破解这些社交难题时，用的都是攻心之术。善用同理心，理解别人的感觉，察觉别人的真正需要，把话说到别人心里，就能获得人心，获得认同、支持和帮助。

高情商的超效谈判技巧

人好刚，我以柔胜之；人用术，我以诚感之；人使气，我以理屈之。

——金缨

提到谈判，会有很多人以为这只是那些风光的外交官的专利。其实不然，谈判的真正本质，就是一种说服。因此，不管是面对家人、朋友、爱人，还是面对老板、客户，只要是跟人交往，男女老少、随时随地都会有进行谈判的可能，它已成为人们日常生活中不可或缺的组成部分了。

说服的成败，主要在于对自己情绪的控制，以及对别人情绪的反应。因此，对于既能掌握自己情绪，又能对别人情绪作出迅速反应的高情商的人来说，在进行谈判时，必定可以无往不利。

下面我们就来学习一下高情商者的超效谈判技巧吧：

保持冷静

谈判中的大忌，就是因意见不同而惹毛谈判对手。因此避免敌对的情绪氛围是首要之务。唯有保持冷静的态度，不心浮气躁，在表达情绪时才能有所节制。

当然，在谈判过程中注入理性因素，并不是否定情绪，也不是忽视或压制情绪，而是要去面对情绪、认识情绪。

该兴奋时不兴奋，该愤怒时不愤怒，不但能独立于歧见之外，而且能独立于偏见之外。若遇对方坚持不合理的要求而有情绪性反应时，也能率先表示歉意，既表示愿为自己行为负责，也表示关切对方情绪。

另外，万一对方不悦发怒，我们也应该表达适度的尊重，但不要让对方激起自己的负面情绪。例如，你可以说："我了解你并不很满意这个提议"，接着能让对方说出自己的真正想法："那您建议我们该怎么做？"这个做法有两个好处，其一是不会让自己在慌乱的情况下误认对方意图，而做出错误的让步（他其实只要你退一步，你却自动退了三步）；另外，万一"动气"是对方的谈判表演，也不至于让他得逞，反而自乱阵脚，模糊了谈判焦点。

信心十足

当你的谈判对象地位高于你时，更要把握住信心十足。这是因为由于某种世俗观念和某种心理因素，大多数人认为地位高的人比较以自我为中心、武断乃至有时会不近人情，从而无形中影响了地位低下者的行动和对策。而当一个人在行动当中有了顾虑，有了畏惧感时，他的自信心就会丧失。当一个人缺乏自信心时，他的才智和聪明就无从发挥，从而就无从谈起与对方平等地达成互利的协议。

那么，如何才能消除畏惧感，保持十足的信心呢？

首先，谈判前，必须保持良好的心境。想使自己充满自信，不妨多想想以前成功的谈判，客户对你的赞美与感谢，自己受到嘉奖时的荣耀等等。心中浮现出这些情景，你就会信心百倍。

其次，谈判中不卑不亢，确立信心。因为地位高的人往往没有充裕的时间去准备，所以谈判时常常准备得不充分。相反，只要你准备得充分，一个问题接着一个问题向他挑战，这样不但双方地位的差距没有了，而且地位高的人一旦遭到挫折，为了维护其尊严，往往会违心地付出代价，且由于他手中有权，付出的代价也是能够兑现的。

总之，意志力驱动人类一切征服自然与世界的活动。谈判时，一定要有必胜的强烈意志力。一个人，如果连说服自己的意志力都没有，又如何去说服对方呢？

少说多听

少说，意味着隐藏自己的思想，多听则能发现更多的讯息。

俄国大文豪列夫·托尔斯泰曾经赞扬过诗人丘特契夫的一首题为《别声响》的短诗，其中有一段是这样写的：

“别声响，你怎能表白自己的思想？别人怎能理解你的思想？
每人有各自的生活体验，一旦说出，它就会变样！
就像清泉喷出会被弄脏，怎能捧起它喝个舒畅？
——别声响。”

在这首诗中，诗人具有艺术性地赞美了沉默的神奇作用和丰富内涵。确实，沉默的含义太丰富了：沉默使人感到深沉、稳重，琢磨不透。甚至有时它会产生一种无形的压力，一种沉重的力量。例如，1953年6月，79岁的丘吉尔到百慕大参加英、美、法三国会谈。他竟利用年老的借口，装聋作哑，不予回答，并以此来与美国总统艾森豪威尔和法国外长皮杜尔讨价还价，艾森豪威尔对此深有感触，甚至说：“装聋无语成为这位首相防卫的武器了。”这充分说明了沉默寡言在谈判中的意义。

而倾听，首先是作为一种礼貌，是最划算的让步。而且，对方讲得口沫横飞时，必定会在有意无意间透露出不少宝贵的讯息，就可以以子之矛，攻子之盾。同时，还可从观察对方的眼神、肢体语言、私下交谈、团队合作等细微末节处，获得对自己非常有利的情报。

留有余地

谈判并非战争，只是为了要寻求一个公平合理、符合彼此价值观的解决问题的方案，而使双方能长期合作，共存共荣。如果企图利用威胁压迫的战术迫使对方就范，结果不是遭遇到意想不到的强力反抗，便是在对方"委曲求全"下，无法维持长期的合作关系。因此，不要只准备一个解决方案，那无异于把自己和对方都逼进死胡同。与上司谈判，这点尤其重要。与其说："你不加薪我就走人。"不如说："与果您觉得加薪有困难，我也许先考虑其他的变通做法，等我的经济状况改善后，再回来为您及公司效力。"

最后也别忘了，诚信是成功谈判的基础，少了诚信，谈判就毫无动力。

高情商创造强大气场

成功的秘诀无他，不过是凡事都自我要求达到极致的表现而已。

——罗素·康威尔

气场，在人际交往中占有很重要的地位，虽然它看不到，也摸不着，但它的影响或效果却可以让你感觉到，强大而富有磁性的气场是良好人际关系的通行证。

那么气场从何而来？

一个无可质疑的事实是：一个情商高的人，他的气场也会相对稳定，他的气场不会轻易地被他人的气场所干扰和侵犯，他会通过正向而强大的气场，去影响他人、吸引他人，成为生活的主角；而如果一个人的情商很低，他的气场就会很微弱，很容易受到外界力量的影响，表现为容易被操控。可见，塑造气场的根本还是在于充分运用自己的情商。

自我意识

自我意识是情商的核心，是控制情绪而不被情绪控制的关键，是气场能动性的体现。现实生活中，我们中的大部分人都无法激发自我的气场，很大一部分原因就是对自我认识不足而造成的。

小林大学毕业后，便进入一家广告公司上班。当初就业培训时他了解到人际关系有时比工作业绩还要重要，于是，工作之初他就非常注重与同事的关系，尽一切努力想把所有同事都变成自己的朋友。例如，每天他第一个到办公室，打扫卫生；经常主动与人攀谈，给人端茶倒水，甚至平时中午连去食堂打饭的“活儿”都包下来了。时间一长，同事们都觉得小林好使唤，因此不管遇到什么事，都交给他去做。而小林自己呢，就觉得同事都成了他的好朋友，自己有了一个好人缘。

直到后来发生了一件事，才让小林从自以为是中醒过来了。那一天，小林生病了，他打电话给办公室的同事，让他帮忙请个假，同事痛快地答应了。可是，第二天，小林却被领导责问不请假随便旷工。小林找到那个同事，那个同事这才想起来，原来是给忘记了。小林有些生气了，心想：我把你们的事看得比什么都重要，你们怎么这么不把我当回事，不把我的事放在心上呢？更让小林生气的是，同事们不问他病情如何，却责怪他一天没来，害他们的饭都是自己去食堂打的。生气之余，小林也真有些糊涂了，都说是“以人心换人心”，对别人好，别人就会对自己好，怎么不是这么回事呀？

其实，是小林的认知方面出现了偏差：为了成为别人的朋友，就去巴结、讨好他人，其实很难达到目的，有时会适得其反。朋友是两个人在平等人格的基础上互动交流的结果，过于谦卑乃至丧失了独立人格，自己都不尊重自己，也很难获得别人的尊重，无形中也就破坏了自己的气场，自然会被别人看轻和忽视。

管理情绪

我们所需要的气场，是一种通过自身正面积极、强大向上的综合魅力，带给周围的人或事的一种有益的吸引力和影响力。因此，要想在人际交往中如鱼得水、游刃有余，给人以“积极”的印象非常重要。

2002年9月，英国保守党领袖伊恩·邓肯·史密斯被BBC电视台记者采访。电视上的这位秃头领袖面色茫然、腼腆、毫无生机，他用有气无力、贫乏的语调攻击了托尼·布莱尔首相以及其政党的政策后，记者问道：“你认为自己能出任下一届首相吗？”他犹豫了一下，目光下垂，语气不坚定地说：“是的，我可以，但我需要努力争取。”几分钟之后，电视屏幕上出现了不满意观众的电子邮件及电话录音：“他自己都不相信自己能成为首相，让我们如何相信他可以做首相？”“他看起来根本就不像一个能成为英国首相的人!”“难道保守党中找不到别人做领导者？”

再看看英俊的工党领袖托尼·布莱尔，他永远是满面春风的带着笑容，走路和说话都充满朝气和热情，他看起来就是个出色的领袖。也难怪很多英国人虽然不支持工党的政策，却投给布莱尔一票。

每个人都喜欢与开开心心、兴致勃勃的人在一起，当你经常向他人发出激昂的、充满希望的积极信号时，你的气场也就强大起来了。而塑造“积极”的形象，就需要你有应对消极情绪的控制能力，也就是情商中管理情绪的能力。

移情能力

很多时候，我们不喜欢一个人或许很盲目，但是喜欢一个人往往是理由充分，即必定是对方有值得你喜欢的地方。尤其是对于那些能够投其所好的人，我们往往丧失了抵抗能力，例如美国总统西奥多·罗斯福。

只要曾经拜访过罗斯福的人，都会对他的全知全能感到惊讶。哥马利尔·布雷佛写道：“无论是一名牛仔或骑兵、纽约政客或外交官，罗斯福都知道该对他说什么话。”那么这中间到底有什么秘诀呢？

其实说来也很简单。因为罗斯福知道，打动人心的最佳方式是：找准话题，与对方心灵产生共鸣。因此，每当有人来访，不管那个人地位高低，罗斯福都肯定会在前一天晚上预先翻读这位客人特别感兴趣的话题的资料。

罗斯福的“全知全能”不仅仅是智商的功劳，他的高情商才是成就他伟大之处的重要原因。

如果想要打动人心，并成为受人欢迎的说话高手就要用热情和生机去接触对方的内心思想。一个气场强大的人，绝不是一个只想让别人注意自己的人。因此对别人漠不关心的人，他的一生困难最多，对别人的损害也最大。

人际联络

良好的人际关系是情商最重要的应用领域，这需要展示其情感、表现力、情绪感染力和社交能力，这在政治人物身上表现得最为突出，通常与气场的感召力、吸引力、影响力共同发挥作用，释放出极大的能量。

斯巴达克斯是个奴隶，因为不堪忍受奴隶主惨无人道的压迫，率众起义，得到成千上万奴隶的响应。后来，起义失败，数千名奴隶被俘，一位以胜利者自居的罗马军官宣布：只要斯巴达克斯敢于站出来，所有的奴隶都可以得到饶恕。斯巴达克斯刚要起身，就有人先于他喊道："我是斯巴达克斯！"尔后，所有的被俘奴隶纷纷起立，高声大喊："我是斯巴达克斯！"震耳欲聋的喊声回响在大地和云宵之间。

是什么力量让奴隶宁肯去死，也不愿说出谁是真正的斯巴达克斯呢？就是因为他受到他们的欢迎、热爱和敬重，使他们形成一个伟大的友谊，他们愿意为了这份友谊奉献自己的生命。正如社会学家罗纳德·波特在1992年提出"结构洞"（社会网络之间的空隙）理论时所说，一个具有企业家精神的聪明人，会在位于空隙两端彼此没有直接联系的两个人之间，担当联系人的角色，从而占据一个"结构洞"。一个人所占据的结构洞越多，他在人群中的地位就越重要，调动人际关系为自己服务的能力也就越强。

无疑，当更多的人围绕着你服务时，你所展现出来的气场是卓越超群的。因此，那些高情商的人总会十分乐意在浩瀚的人际网络中充当联络员和架桥人的角色，借助各种不同的力量与机遇，提升自己的社会资本，扩充自身的气场，最后成就自己的事业！

情商开创出双赢局面

“像爱自己那样爱别人”，这就是确立人脉关系的要谛。

——原一平

人生就像是战场，人与人之间有时候难免会处于互相对立的位置。但是人生毕竟不是战场，我们完全没有必要像战争那样，非得争个鱼死网破、两败俱伤。从最根本的利益来看，双赢才是人类社会最佳的法则。

坚持互惠的原则

一位哈佛教授常对他的学生说：“要想得到我们想要的东西，我们必须给予别人想要的东西，只有这样，我们才能互惠共生，达到双赢。”

下面这个故事说的就是这个道理：

从前，有一位基督徒，由于他一生行善无数，因此，在他临终之时天使特地下凡来接引他上天堂。

天使感念他一生行善，成就很大的功德，因此，特准他完成一个最想完成的愿望。

大善人觉得自己这一生当中最大的遗憾就是：信奉主一生，却从来没见过天堂与地狱究竟长得像什么样子。因此，他提出想参观天堂和地狱。

天使答应了他的请求：“没问题，因为你即将上天堂，因此我先带你到地狱去吧。”

就这样，大善人跟随天使来到了地狱，在他们面前出现一张很大的餐桌，桌上摆满了丰盛的佳肴。“地狱的生活看起来还不错嘛，没有想象中的悲惨嘛！”大善人很是疑惑。“不用急，你再继续看下去。”

过了一会，用餐的时间到了，只见一群瘦骨如柴的饿鬼鱼贯地入座，每个人手上拿着一双长十几尺的筷子。每个人用尽了各种方法，尝试用他们手中的筷子去夹菜。可是由于筷子实在是太长了，最后每个人都吃不到东西。“实在是太悲惨了，你们怎么可以这样对待这些人呢？给他们食物的诱惑，却又不给他们吃！”“你真觉得很悲惨吗？我再带你到天堂看看。”

到了天堂，同样的情景，同样的满桌佳肴，每个人同样用一双长十几尺的长筷子。不同的是，围着餐桌吃饭的是一群洋溢欢笑，长得白白胖胖的可爱的人们。他们同样用筷子夹菜。不同的是，他们喂对面的人吃菜。而对方也喂他吃菜。因此每个人都吃得很愉快。

可见，要想双赢，必须坚持互惠的原则。生活在天堂里的人都是有着极高情商的人，他们把互惠原则发挥得淋漓尽致，所有人都在给予的同时得到了自己想要的东西。

从很多高情商的成功人士身上，我们也可以看到，懂得互惠是一种聪明的生存之道。在与别人的交往过程中，他们往往很少想着自己，而是经常为别人付出，因为他们明白，给予别人好处，从某种程度上就是帮了自己，可以提高自己的影响力。这也往往是他们能够最终成功的一个重要原因。

坚持互敬的原则

有这样一句名言：“有时候你赢了，但其实你输了。”可不是吗？有时候你赢了面子，却输了感情；有时候你赢了口舌，却输了形象；有时候你赢了好处，却输了友谊……

所以在很多的时候，你应该明白沟通的意义是什么，沟通的价值在哪里，以及怎么样才能有价值地沟通。这样才能达到“共赢”的目的。

这个周末，秀娟本来打算跟丈夫一起去郊游，但却被临时安排出差耽搁了。就在出差的前一个晚上，他俩还为这事吵了一架。

不过，没办法，还是要出差。为了缓和夫妻关系，出差之前，秀娟特意早早地起床，匆匆地洗漱完，就跑到早市为丈夫去买豆浆、油条了。她高兴地走在回家的路上，想象丈夫看到早点后兴奋的样子。可是当秀娟端着豆浆、油条赶回家的时候，却发现床上被褥凌乱，人却不见了。她用手摸了摸被子，尚有余温，可见丈夫刚离开没多久。于是，秀娟找遍了家里每一个角落，但都没有看到丈夫的踪影。

“哪儿去呢？难道他去晨练了？不会的，他从来没有这样的好习惯。不会是赌气离家出走了吧？”想到这里，秀娟就把早点往桌上一扔，一脚踢醒了正在酣睡的小狗，一个人坐在沙发上生起了闷气。几分钟后，秀娟感觉不对劲。她想起刚才发现丈夫的外套还挂在门厅，包还在沙发上来着。

这下，秀娟可着急了，她赶紧拿起家里电话打丈夫的手机。手机一接通，秀娟就问：“老公，你在哪儿呢？”“哎！你怎么在家里呢？我还以为你昨天跟我吵架，今天一大早带着气跑了。我赶紧跑到火车站追你。”丈夫刚说完，秀娟的眼泪就掉下来了：“我早早起床给你买早点，为的是能够给你一个惊喜。”丈夫埋怨地说：“我怎么会想到你去买早点呢？你应当给我留个便条呀！我马上打车回家！”

过了一会儿门开了，丈夫回来了。秀娟扑上去紧紧地抱住他，哭得一塌糊涂。丈夫笑着拍了拍她的头，说：“老婆，拜托你等一会儿再抒发感情好不好？你买的早点呢？我都快要饿死了！”

可见，互敬原则下的沟通是多么重要。无论是在工作中还是在家庭中，坚持互敬的沟通原则，既可以让双方了解彼此的想法和感受，又可以达到良好的沟通氛围。否则遇到问题和摩擦后很容易转化为矛盾，甚至发展到争吵、大打出手的地步。

正如苏格拉底所说，世界上谁也无权命令别人信仰什么，或剥夺别人随心所欲思考的权利。即使你烦躁、怨恨、埋怨、不满，也应该用“与人为善”的方式表达出来。既让周围的人感受到你的不满，又容易使自己的意见和看法为对方所接受。只要平时注意实践和积累，不断提高自身的协调能力和公关能力，就能体会与人成功相处和交往的乐趣，这也是一种双赢的局面。

总之，一个高情商的人，总是将利人利己作为基本的价值观，他们认为，共赢或者多赢是一种分享，是一种基于互敬、寻求互惠的思考框架与心意，目的是双方都获得更丰盛的机会、财富及资源，而不是敌对式残酷竞争。即使暂时实现不了共赢，也应该友好礼貌地结束，为今后的共赢埋下伏笔，打好基础。所以，高情商的人总是很有人缘，很讨人喜欢，处处有朋友。

第七章 心态修炼
——解救被情绪绑架的理智

心态，简单的讲就是调整“情绪”的能力。任何生活中的变动，大至超越了人能力所能处理的大事情，小至扰乱了人心平衡状态的小事件，都会让我们产生“情绪”。了解并管理自己的情绪，是情商的一项基本能力，要想修炼高情商，首先就要做到这一点。

EQ

下篇 情商的开发：高情商是这样炼成的

“翻脸”不如笑脸，学会制怒

人最糟糕的心情是他不再意识和控制自己。

——蒙田

愤怒是一种常见的负面情绪，强烈愿望的限制或阻止都能导致愤怒的发生。

在各种消极情绪中，愤怒的情绪危害是比较大的，是最需要我们提防和严加控制的一种情绪。

作为好莱坞最为炙手可热的明星之一，罗素·克洛已经是第三次角逐奥斯卡最佳男主角了。不过，最后他却被取消了领奖资格。

原来，他不久前犯了一个非常致命的错误。那是在罗素·克洛因为获得了英国电影学会奖的最佳男主角而领奖的时候，因为一时兴奋，他便在领奖时赋诗一首，没想到被BBC在播出时给删掉了。这下可把臭脾气的罗素激怒了，虽然他后来为自己的鲁莽道了歉，但却没有得到大家的原谅。他们认为罗素纵然把纳什演得出神入化，可是他本人却是脾气大得让每个人都接受不了。

类似这样只凭着一时之气行事而导致失败的例子太多了，如果你不能控制怒火，那么你就会为此付出惨痛的代价。也许你会说：“是的，我也明知自己不该发怒，但就是控制不住自己”。确实，我们每个人都避免不了动怒，它是你经历挫折的一种后天性反应。但它又是一种习惯，是一种可以消除与避免的行为，只要好好地把握自己，你就可以让自己走出这一误区。

当然，你需要选择很多新的思维方式，并且需要逐步实现。每当你遇到使你愤怒的人或事时，要意识到你想说的话，然后努力用思维控制自己。从而使自己对这些人或事有新的看法，并做出积极的反应。如果你想做一个高情商的人，就应该时刻注意，学会制怒，不能让愤怒左右自己的情绪。

那么，怎样消除愤怒情绪呢？下面几种方法我们可以借鉴。

留意愤怒的信号

我们说过，掌控情绪的第一步是认识到它。但是对于愤怒的情绪，基于心理、生理或道德上的很多原因，人们往往是直到愤怒爆发，才意识到它，可是为时已晚，无能为力了。

那么，如何才能早点介入愤怒的过程，尽可能使事情平息下来呢？那就是在遇到不满的事件时，首先要监控自己身体发怒的征兆。当发现这些征兆时，就提醒自己不要爆发。一般来说，发怒的征兆有坐立不安，心跳加快，呼吸急促，肌肉紧张，面色潮红、发汗、颤抖和刺痛，甚至眩晕呕吐等。此外，除了内部的生理变化，即将发生的愤怒爆发还有一些外部征兆如嘟嘟哝哝、敲手指、提高音量等等。当然，每个人生气都有他（她）的方式，重要的是让愤怒的人及早发现，及时停止。

发脾气的过程“仪式性”很强，如果你打断了模式中的一个部分，有时候你就能把整件事停下来。而且研究表明，愤怒所持续的时间不超过12秒钟，就如暴风雨一般，爆发时摧毁一切，但过后却风平浪静。所以如何度过这关键的12秒，让怒气自然消解非常重要。深呼吸，或者在心中默数10个数，当你做完的时候，你会发现，其实你已经没有那么生气了。

培养幽默感

只要我们观察一下就会发现，生活中那些轻易动怒的人，大多是对生活的态度严格得近乎呆板的人，而那些精神愉快的人，他们最为明显的特点是善意的幽默感。这是因为人不可能同时生气和大笑，生气和笑声是相互排斥的。在笑声中观察五彩缤纷的现实生活，这是消除生气的最佳方法。

半夜时分小偷光临，一般不会令人愉快，可巴尔扎克却与小偷开起了玩笑。

那天晚上，巴尔扎克正在睡觉，有个小偷摸进他的房间。巴尔扎克虽然一生写了无数作品，却常常手头拮据，穷困潦倒，小偷在他的书桌里乱摸一通，什么也没摸到却把巴尔扎克惊醒了。不过巴尔扎克并没有喊叫，而是悄悄地爬起来，点亮了灯，平静地微笑着说："亲爱的，别翻了。我白天都不能在书桌里找到钱，现在天黑了，你就更别想找到啦！"

幽默，实在具有神奇的魅力——它可以化解愤怒。心理学家也认为：幽默是人的个性、兴趣、能力、意志的一种综合体现，它是语言的调味品。它是智慧的火花，可以说，幽默与智慧是天然的孪生儿，是知识与灵感勃发的光辉。

冷静地观察生活在这个世界上的各种人——包括你自己，而后再决定选择愤怒还是幽默。请记住，幽默会使你和其他人都得到生活中最珍贵的礼物——笑。每当你的言行过于严肃时，提醒自己，开怀大笑吧，笑声会使你的生活充满阳光。

合理发泄愤怒

如果你仍然决定保留心中的愤怒，你最好以不造成重大损害的方式来发泄愤怒。

在一则林肯的轶事里，就介绍了这么一件事：一次，林肯的一位朋友义愤填膺地向他述说另一个人的无理。林肯听后不平地说："你马上写信去痛斥那个不讲道理的家伙，然后再与他断交。"那位朋友立即写信把那个人淋漓尽致地痛骂了一顿。信写好后，林肯看也不看就把它撕了，并且笑着说："我也写过许多这样的信，我们没有理由去伤害别人。"其实，那位朋友的满腔怒火已经从信中发泄出去了，心理也就完全舒畅了。

发泄实质上是一种释放，其作用在于把压抑在心中的愤怒、憎恨、悲伤、忧愁、痛苦、焦虑、烦恼等消极情绪加以排解，消除不良心理，得到精神解脱。发泄的过程，就是人们进行心理自我调节的过程，这是摆脱恶劣心理的必要手段。但一定要注意不能胡乱发泄，要讲究方式和场合，要适度。

意识重建

平息怒气最好的方法不是发泄，而是"重建"，有意识地用建设性的态度对情况重新解释。

重建的态度就是，站在对方的立场上，想一想对方是否情有可原。这对于处于怒火之中的人来说，当然是很难做到的，但是从理智上来讲，却是应该的。

因为任何人看问题都容易片面、主观，尤其在一时情绪冲动的情况下。如果只站在自己的立场想问题，容易自私、片面、狭隘；但是如果我们全面地看待事物，观点就会有很大变化。

人和人相处时，站在双方的立场综合地考虑，会看到全面的情况，对对方的理解和同情也会增加，很可能发现对方没有开始时想的那么"坏"。

比如当你开车在公路上突然被另一辆车挡住时，你本能的反应是："真险！差点要了我的命！不能把这小子放走。"你越想越恼火，结果血压升高，车子也开得"毛"起来。

这时候，如果你换一种思维方式，想着："这个人是不是新手啊？是不是有很着急的事情啊？需不需要帮助啊？"那么你的心态就会改变，你的怒气就会烟消云散了。

一位哲人曾说："盛怒之下的人，犹如骑着一匹疯马，不加以控制，就会摔断自己的脖子。"所以，在现实生活中，应当提高自己控制愤怒情绪的能力，时时提醒自己，有意识地控制自己情绪的波动。千万别动不动就指责别人，喜怒无常，改掉这些坏毛病，努力使自己成为一个容易接受别人并被人接受，性格随和的人。这样，愤怒就无法控制你的内心，操纵你的命运。

把批评当成他人给自己的礼物

我们应当把揭示出我们缺点的批评者看作是一个发掘我们不自知的潜在宝藏的人。

——维那拉波·黑尼波乐

受到批评，实在是一件让人高兴不起来的事情，没有人喜欢听到刺耳的批评，这是人性的局限。即便是很亲近的人，批评起来也会让人觉得不大舒服，难免会产生抵触和抱怨情绪，甚至会和批评我们的人产生一些隔阂。

其实这只是一个心态问题。不论自己处于强势还是弱势，自己的心情不能被别人的斥责所扰乱，而应当保持冷静并自我反省，这样，你的心智才能更加成熟起来。一个把批评当成他人送给自己礼物的人，一定是个高情商的人，他们能在接受批评中提升自己的人格魅力。

林肯就曾在一次接受采访时这样说道：“我早年对别人的批评很敏感，急于要使我见到的每个人都认为我非常完美。要是他们不认可我的话，就会使我忧虑，我就会想办法取悦他们。可是我越是要讨好别人，就越不会受到欢迎。所以最后我对自己说：‘只要你超群出众，你就一定会受到批评，所以还是趁早养成能听取批评的习惯为好。’从那以后，我就决定只尽我自己的最大努力去做，对善意的批评，微笑着接受，而对恶意的批评和攻击则一笑了之。”

其实，凡是能批评我们的人，大都对我们抱有期望，才会做这种“费力不讨好’的事情。因此，对待批评，正确的态度应该是从积极的方面来理解，特别是严厉的批评；应该把别人的批评看做改进自我、完善个性、克制情绪、提高心理承受力以及激发斗志的机会。这对于开发我们的情商大有裨益。

一个人无论什么时候都要虚心接受批评，然而真正能够做到这一点的人却不多。以下这些将指导你更好地对待批评：

保持冷静

很多人都会受到批评，只有真正有智慧的人才能从中得到裨益，这样的人就是可以在批评面前保持冷静头脑的人。

在美国得克萨斯州的一个著名的度假村，每到周末，许多有钱人就到那里度假、游玩。

汤姆是其中一名厨师，那一天，当他像往常一样正在厨房里忙碌不堪时，服务生突然端着一个盘子走进来，对他说：“有位客人点的这道油炸马铃薯，他抱怨切得太厚了。”汤姆仔细看了看，觉得同以往的油炸马铃薯并没有什么不同。而之前从来没有客人抱怨切得太厚。尽管如此，汤姆还是努力将马铃薯切得更薄了些，重新做了一份让服务生送过去。

可几分钟后，那个服务生气呼呼地又回来了，他对汤姆说道：“我想那位挑剔的客人一定是遇到什么麻烦了，就把气发泄到我们身上，他对我大发牢骚，还是嫌切得太厚了！”忙碌的中汤姆却依旧忍住了脾气，他静下心来，耐着性子将马铃薯切成薄薄的片状，然后放入油锅中炸成诱人的金黄色，捞起来盛到盘子里，撒上葱，然后第三次让服务生送过去。

这次，没过一会儿，服务生就高兴地端着空盘找到汤姆：“客人满意极了，他说这是他一辈子吃过的最好吃的马铃薯，同桌的其他客人也都赞不绝口，他们还要再来一份！”

从此，这道炸马铃薯就成了汤姆的招牌菜，许多人慕名前去品尝，而汤姆也因此一举成名，成为全度假村最有名的一位厨师。

可见，批评通常也意味着是进步的机会，它是人生中不能缺少的，是我们增长见识必须付出的代价。

听到别人的批评，经客观地分析、判断之后，只要认为自己的做法合理，站得住脚，那么大可坚持到底，不必妥协。但是，如果冷静客观地分析之后，发现自己确实是理亏的，就要勇敢地承认错误，马上改进，并且诚心诚意感谢对方。

仔细聆听

因为忠言逆耳，所以，请不要怀着敌意来看待批评，你要仔细聆听，了解别人的批评是否具有建设性。它能让你变得足智多谋、沉稳成熟。若懂得冷静聆听批评，既能保持情面，又对人际关系具有积极的效果。固然有些批评是尖酸刻薄的，你也要淡化处理，这样才有机会听到热心人给你的忠言和卓见。

胡顿在纽华城的一家百货公司买了一套衣服。这套衣服穿起来实在使人太失望了，上衣会褪色，且把衬衫领子弄黑了。于是，他拿着这套衣服，找到那个当时跟他交易的店员，向他说明了问题。

可那店员听完后却反驳说："这种衣服，我们卖出去已经有几千套了，这是第一次有人来挑剔。"正在争论激烈之时，另外一个店员又插嘴进来，说："所有黑色的衣服，起初都会褪一点颜色的，那是无法避免的。这种价钱的衣服，都有这种情形，那是料子的关系。"当时，胡顿先生满肚子的火都冒了起来：第一个店员，怀疑他的诚实；第二个店员，暗示他买的是次等货。胡顿先生恼怒的，正要责骂他们时，那家百货公司的负责人走了过来。

这位负责人通过他自己的行动，使胡顿先生的态度完全改变过来。他把一个恼怒的人，变成了一个满意的顾客。看看他是怎么做的吧：

这位负责人从头到尾听胡顿先生讲了经过，没有插进一句话。当胡顿先生讲完后，那负责人站在胡顿先生的观点考虑问题，认为衬衫领子很明显的是这套衣服染污的。他坚持表示，这种不能使客人满意的东西，是不应该卖出去的。他承认不知道这套衣服会这样的差劲，而且坦诚地对胡顿先生说，可以依照胡顿先生的要求去办。数分钟前，胡顿先生还想把这套讨厌的衣服退掉，可是现在却征求这位负责人的建议。结果是胡顿先生同意把这套衣服带回去再穿一星期，看看情形如何。

胡顿先生满意地离开那家百货公司，那套衣服经过一星期后，没有发现任何毛病，他对那家百货公司的信心也就恢复过来了。

从上面的故事可以看出：不同的处理方式，得到的结果完全不同。倾听是人与人之间互相信任的催化剂。一个生性挑剔，甚至是最激烈的批评者，常会在一个有忍耐和同情心的倾听者面前软化降服。所以，面对别人的批评，我们不要一味地抵触。我们要好好调整自己的心态，首先做一个善于倾听的人。

注意力转向

决定情绪的一个关键因素是把注意力放在哪里。如果注意到很好的地方，就会得到很好的结果，反之亦如此。

调控注意力和控制摄像机的镜头是一样的，完全可以选取你应该选取的内容。看问题的积极方面，可以产生乐观的情绪；看问题的消极方面，就会产生悲观的情绪。

一次，英国首相休姆制定了一个政策。这事儿被持相反意见的国会议员和社会舆论连续在会议和报纸上，大肆批评了一个星期。

朋友对休姆很同情，忍不住问他："你怎么能够受得了这种像是轰炸机倾巢而出的轰炸行动呢？"

"还好我身上流着苏格兰人坚强的血脉。"休姆笑了笑回答，"最重要的原因是每当我听到别人批评我的政策时，我一定会这样想：嘿，骂吧，这种广告宣传是不用花钱的。"

这就是注意力的控制问题。在这个世界上，永远存在与你意见相左的人，任何人都无法避免，因此，你大可不必为此而气恼。把注意力放在对你有利的一面，调适一下你失衡的心理，就会很容易营造一个祥和、豁达、坦然的心理氛围。

人非圣贤，孰能无过。每个人的性格，在待人处世方面，总难免有一时疏忽或是不曾发觉的死角。若在此时，有人提醒你的缺点，你应衷心感激。“良药苦口利于病，忠言逆耳利于行。”“人受谏，则圣；木受绳，则直；金就砺，则利。”把批评当做是别人送给你最丰富的礼物，你将受益无穷。

从难以相处的人身上学到东西

难道你的一切只是从那些羡慕你、对你好的、常站在你身边的人那里得来的吗？从那些反对你、指责你，或是站在路上挡着你的人那里，你学来的岂不是更多？”

——惠特曼

俗话说，人上一百，形形色色。你是不是总会在自己周围找到很多牢骚满腹、横行霸道、装腔作势却又不得不与之相处的人？你是不是也希望这些人从生活中消失，因为他们会让人生气和绝望，甚至发狂？不过，最好别这样，因为很多时候，这些难以相处的人反而会成为我们提高情商的帮手。你可以从多嘴多舌的人身上学会沉默，从脾气暴躁的人身上学会忍耐，从恶人身上学到善良，而且你不用对这些人感激涕零。

因此，我们必须采取主动，不管遇到什么类型的人都控制好自己的情绪，做自己想要做的那个人。下面提供四个建议供你参考，相信它们能使你妥善处理好与难以相处的人之间的关系。

控制情绪

在与难以相处的人的交往中，会让很多即使原本是平和稳重的人，也放任自己，失去了好性情。其实大可不必。情绪失控，除了伤害自己，让你们的关系雪上加霜，还能给你带来什么呢？

掌握下面这个技巧，你就能在难以相处的人面前永远保持冷静理智。

贝蒂所在的办公室有5个人，贝蒂与她们都相处的十分融洽，包括这位和其他人都相处不来的老大姐。这位大姐好像看谁都不顺眼，而且经常持自己年纪大、资格老，对年轻同事大声呵斥，甚至出言不逊，为此同事们都很怕她。只有贝蒂能泰然处之，每天都能与她笑脸相对。

同事们纷纷向她请教秘诀，她道出了自己的应对技巧：“我想象在自己和她之间有一道无形但无法穿越的铜墙铁壁，把她那些负面的言论和行为想象成射在铜墙铁壁上的箭。这样，她就无法伤害到我，对我的影响也就微乎其微。”

面对容易让我们情绪失控的人时，你也可以想象出这样一道墙来，这样，当你感到愤怒或受伤时，让这道墙帮你吸收这些感受，而你在墙后，也就能保持了安宁和冷静。

认识自己

很多时候，你定义的“难以相处的人”，最终被证明可能只是与你不同的人，而对所谓的难以相处的人来说，你也是难以相处的人。

伊莎贝拉在一家著名的化妆品公司工作，待遇非常好。按理说，伊莎贝拉应该很高兴才对。但是伊莎贝拉本人却一直郁郁寡欢。父亲以为女儿是因为工作压力太大了，不过伊莎贝拉却告诉他：“公司的同事太难相处了，长期下去，我会疯掉的。”

父亲听了女儿的话后，沉默了一会儿，然后说道：“你觉得同事很难相处，可能的确有同事方面的原因、但是，你也要在自己身上找原因。也就是，你要首先认识你自己。”伊莎贝拉听从了父亲的建议，在重新认识自己，用双向的思维考虑问题后发现，情况确实没有自己想象的那么糟糕。这样，她的生活又变得开心起来。

可以说，伊莎贝拉的父亲是一位心胸宽广、睿智的人。他说的这番话正是妥善处理与人难以相处的问题的关键一步。你必须明确，造成这种困扰是你自己的问题，还是你对别人要求过高所造成的。

你自己是一个什么样的人，你自己的性格、价值观是怎样的？把这些写下来。然后考虑，这样的一个你，面对那些你觉得难以相处的人的时候，你希望自己作出什么样的反应？你也可以留意这些人与其他人的交往，看看你所认为的“难以相处者”在其他人眼里是否也是这样。如果别人并没有这样，那你就要从你自己或你们两个人的关系上找原因。

灵活应对

应付难以相处的人最有效的方式就是灵活。也就是说，多观察他们的做法，在与之交往的过程中，尽量灵活采用与之相同的方式。

关于这一点，我们可以参考下被誉为全世界最伟大的矿产工程师的哈蒙是怎么做的吧！

从耶鲁大学毕业后，哈蒙又在德国佛来堡攻读了3年。毕业回国后的他，去找美国西部矿业主哈斯托求职。

而哈斯托却是个脾气执拗、注重实践的人，他不太信任那些文质彬彬的专讲理论的矿务工程技术人员。他对哈蒙说：“我不喜欢你的理由就是因为你在佛来堡做过研究，我想你的脑子里一定装满了一大堆傻子一样的理论。因此，我不打算聘用你。”

于是，哈蒙假装胆怯，对哈斯托说道：“如果你不告诉我的父亲，我将告诉你一句实话。”哈斯托表示他可以守约。哈蒙便说道：“其实在佛来堡时，我一点学问也没有学回来，我尽顾着实地工作，多挣点钱，多积累点实际经验了。”哈斯托立即哈哈大笑，连忙说：“好!这很好!我就需要你这样的人，那么，你明天就来上班吧!”

在有些情况下，别人所争论不休的论点，对自己来讲反而不那么重要。比如，哈蒙从哈斯托口中得来的偏见，这时，我们所需要的不是去斤斤计较，而是尊重他的意见，维护他的“自尊心”而已。

只有这样，在与难以相处的人打交道时才会更有效率，而且你也会发现这些人并不那么难以相处。

学会宽容

在遇到与不喜欢的人打交道时，尽量以一颗宽容的心去对待。宽容不但是做人的美德，也是一种明智的处事原则，去爱自己不喜欢的人也是一种不可缺少的宽容。

顾春初入社会不久，就在一家中日合资公司外贸部当上了主管。她的下属中，一位将近四十岁的女人对她偏见颇深，这位下属工作能力还可以，在这家公司呆了四年，然而仍然未获得一官半职，因此对年轻有为、初来乍到的顾春总是充满敌意。不仅处处为难，还常常散播谣言败坏她的名誉。顾春不是一个会“争”的女孩子，只好忍气吞声等日本科长长出“火眼金睛”，结果等了三个月，还是等不来一句公道话。一气之下，顾春就去了另一家外资公司。

这一次跳槽，她出色的工作同样博得了许多同事的称赞，但是不幸的是，她又遇上了一位难以相处的下属。心灰意冷间，她又萌动了跳槽之念，于是向总裁递交了辞呈。总裁了解了原因之后并没有竭力挽留顾春，只是告诉了她自己处世多年得出的一条经验：“如果你讨厌一个人，那么你就要试着去爱他。”他本人就曾鸡蛋里挑骨头一般在一位上司身上找优点，结果，他发现了老板两大优点，而老板也逐渐喜欢上了他。

一番思索之后，顾春悄悄地收回了辞呈。虽然她依旧讨厌那位员工，但她说："现在想开了，作为一个成熟的人应该放开心胸去包容一切、爱一切。换一种思维看人生，你会发现，乐趣比烦恼多。"

不过，宽容并不意味对恶人横行的迁就和退让，也不是对自私自利的鼓励和纵容。谁都可能遇到情势所迫的无奈、无可避免的失误、考虑欠妥的差错。所谓宽容就是以善意去宽待有着各种缺点的人们。因其宽广而容纳了狭隘，因其宽广显得大度而感人。

卡耐基说："如果你不喜欢他人，有个简单的方法可以教正这种特性：寻找别人的优点，你一定会找到一些的。"释迦牟尼说："以爱对恨，恨自然消失。"所以对待他人，要多欣赏，要多发现他人的优点。人生有了这种宽容的气度，才能闲庭信步，笑看花落花开。

当然，如果可以选择的话，你也可以选择摆脱他们。如果有人总是恶心你，伤害你，又无意悔改，那就尽可摆脱他们。当然不一定采取太激烈的行动才能达到这样的结果。根据情况，根据其人，你可以让他们淡出你的生活，或善意地告知，为了你个人的原因需要与其分开一段。可能他们不好接受，但又能怎么样呢？

挫折可以为你的情商增值

卓越的人一大优点是：在不利与艰难的遭遇里百折不挠。

——贝多芬

情商之所以能发挥出异乎寻常的功效，关键在于它是对现实的能动适应。只有在现实冲突中，情商才能有所作为。想想你要到什么时候才肯去尝试新观念、做出有创意的决定？当你觉得自己不这样做就要被淘汰的时候。要到什么时候才能体会到为顾客服务的重要性？当所有顾客都不再光临的时候。要到什么时候才会明白认真工作的重要性？当面临被辞职危险的时候。因此，当你面对这些逆境的时候，你可以将它看成是一次尝试和创新的机会，一次对工作情况的自检，一次自我完善和提升。

不过，现实生活中，很多人在遭遇挫折时很容易丧失奋斗精神，常见的表现便是觉得人生无聊，萎靡不振，自暴自弃。那么，如何才能帮助他们调整情绪，把最弱的部分转化为最强的优势呢？下面这些建议不妨一试。

逆向思维摆脱不良情绪

挫折并不可怕，你坚强，挫折就离你而去；你软弱，挫折就像绳子一样捆住你的双脚。你不妨学会逆向思维的本领。

一个美国士兵在越南战场断了一条腿，于是被送回到故乡。一天，他拄着一只拐杖走出门来，周围来了一群孩子。有的孩子嘲笑他战争中少了一条腿，做衣服可以省布料，这个士兵不但不悲伤，反而笑哈哈地说："是啊，我很高兴，但我还是羡慕我另一位朋友，他一条腿也没有，比我还省布。"这位士兵没有因为失去腿而悲观，而是以自嘲的方式和处境更为艰难的人相比，以增强自己面对生活的勇气。

这就是逆向思维的力量。挫折时，你也可以想想比自己更为不幸的人，这样，你会发现自己的不幸是那么的微不足道，你的挫折情绪就会很快烟消云散。例如，如果你是一个从小丧父的孩子，整天又自卑又痛苦，就会影响你前进的动力。这时想想你有一个非常疼爱你的母亲，你不比那些孤儿好吗？如果你家境一贫如洗，你就想"寒门出贵子"，穷则思变，穷能锻炼人的意志。失去恋人，你就想这是自己一份真实的情感，保存在记忆之中，偶尔回忆一下也无妨，但不必投入太多的资本，"天涯处处皆芳草"。你是个人才，在此处难以施展，你就往别处去。如果别处也难走，不妨学学蜗牛，待时而出……总之，不能让挫折在心中久驻。不能让某一点、某一时、某一方面的感伤占据了你的整个灵魂。

乐观是扭转不利的工具

挫折并不可怕，关键在于如何面对挫折。从情商角度看，乐观是指面对挫折仍坚信形势和情境必会好转，是让困境中的人不致流于冷漠、无力感、沮丧的一种心态。

美国堪萨斯州大学心理学家史耐德经研究发现学生的成绩与其心态是否乐观有决定性的关系。当你设定某科成绩80分时，你考了60分，最乐观的学生决定要更用功，并想得到补救的方法；次乐观的学生也想到一些方法，但缺少实践的毅力；最悲观的学生则宣布放弃。

美国宾州大学心理学教授马丁·沙里曼在研究乐观心态激励人心的重要性时发现，对保险公司业务员的业绩来说，一些乐观测试成绩高的业务员比悲观型的业务员第一年超出21%，第二年超出57%。在一次次拒绝后，悲观的人可能在心里告诉自己“这一行我干不了，一张保单也别想卖出去”。而乐观的人会告诫自己“可能我的方法不对”或者“不过碰到一个情绪不佳的客户”。

当然，也有很多人想自己乐观起来，很多人是不知道怎么样才能乐观起来。压抑的生活，无聊的日子，单调的活动等等，都逼人走向悲观。其实，感性的不足可以由理性来弥补。下面是乐观精神的自我训练方法，学习它，你也可以乐观起来：

1．利用镜子技巧，在脸上露出一个很开心的笑脸来，挺起胸膛，深吸一口气，然后唱一小段歌，如果不能唱，就吹口哨，若是你不会吹口哨，就哼歌，记住自己快乐的表情。

2．坚持微笑待人，俗话说：笑一笑，十年少。笑可以使肺部扩张，促进血液循环。

3．学习运用幽默。幽默是能在生活中快乐的特殊的情绪表现，可以从容应付许多令人不快、烦恼，甚至痛苦、悲哀的事情。

4．用欢乐促进人际关系，在寝室就寝前讲几段笑话或提议回顾小品、相声中的片断。

5. 忘却不愉快的经历和事情。培养广泛兴趣，既充实生活，保持心情愉快，也可以作为化解紧张情绪的手段。

6. 多参加有益的文体活动。培养活泼进取、开朗、积极参与的生活态度，在平凡稳定的生活中创造追求的源泉，谱写快乐的人生。

7. 对环境和他人不要提出不切实际的非分要求，告诉自己快乐的核心是自我满足。

8. 当别人试图激怒你时，自我暗示："我是一个豁达的人，一个胸怀如大海的人"。

9. 制定座右铭。每当紧张出现时，想起自己的座右铭，如"我是一个冷静的人"，然后进行自我放松。

10. 假如有疾病产生，告诉自己人生不以绝对时间长短论好坏，而以质量论高低。快乐地过一天比烦恼的过一年都有意义。

美国著名的心理学家威廉·詹姆斯说："我们这一代人最重大的发现是，人能改变心态，从而改变自己的一生。"只要我们能够以乐观的态度对待命运，命运也就不是那么可怕的东西了。正如一位德国纳粹集中营的幸存者所说的那样：在任何特定的环境中，人们还有一种最后的自由，那就是选择自己的态度。我们可以选择自己的任何一种心态，只要你愿意。而乐观的心态能让我们快乐，有助于我们成功，那我们又何乐而不为呢。

适时放弃是高情商的表现

一直以来，执着都被认为是一种美德，执着的人，往往认准一个目标，无论在前进中会遇到任何的障碍，都决不后退，努力再努力，直至目标实现。他们往往是最后的成功者。

不过，不同于执着却与执着有着同样含义的，还有一个叫"固执"的东西，却是需要坚决摒弃的。一旦得知或者求证你的目标已经板上钉钉儿的不可能成为现实的时候，果断地放下，才能在最终得到"执着"的雅号而不是"固执"的恶谥。

在英国某个小镇上，有一个十分喜爱表演的小女孩叫玛莎。这一天，她得知消息，为了募捐，学校准备排练一部叫《圣诞前夜》的话剧。玛莎高兴坏了，她第一个去报名要求当演员，并且希望出演剧中的女儿。

但是，定角色那天，玛莎却一脸冰霜地回到了家。原来，她被告知，她的角色是一只狗。

失望的玛莎，心情糟透了。她一会抱怨妈妈做的牛排太咸，一会又说弟弟看电视的声音太大，搞得一家人都没了笑脸。

睡觉前，爸爸来到了玛莎的房间，两个人谈了很久。虽然他们拒绝透露谈话内容，但是第二天家人和同学又看到了那个快乐的玛莎。她不仅没有拒绝演狗，还买来了护膝，以便更好地排练。

终于到了演出的那一天。从头至尾，玛莎穿着一套毛茸茸的道具，手脚并用地在台上爬来爬去，还不时伸个懒腰，晃晃脑袋，动作惟妙惟肖，精湛的表演吸引了所有观众的眼球，虽然她从头至尾没有台词。

对于玛莎来说，演一只狗就是她人生中的一次挫折，适时放弃就是她高情商的表现。遗憾的是，在现实生活中，我们常看到这样的人，他们常因自己生活中扮演的角色的卑微而否定自己的智慧，因被人歧视而消沉，因不被人赏识而苦恼。其实，如果我们能像玛莎一样，放下无谓的希望，踏实做好自己该做的事情，那么，不管是我们的心情，还是我们所做的事情，都一样是成功的。

你要记住："在最黑的土地上生长着最娇艳的花朵，那些最伟岸挺拔的树总是在最陡峭的岩石中扎根，昂首向天。"你所经历的每一次不幸并非是灾难，早年的逆境通常对于今后的人生来说是一种幸运。与困难作斗争是上天给你的锻炼机会，磨破你稚嫩的双手的同时，也为日后更为激烈的竞争准备了丰富的经验。

抱怨别人不如改变自己

我们在生活中获得的快乐，并不在于我们身处何方，也不在于我们拥有什么，更不在于我们是怎样的一个人，而只在于我们的心灵所达到的境界。

——卡耐基

郁闷，早已成为了现代人的通病。有病不治，病情势必会恶化，最终让人在抱怨的轮回中陷入痛苦的深渊，不能自拔。

有人会认为“抱怨”是一种发泄的方式，他会理直气壮地问一句：“谁能够发誓自己从来没有抱怨过？”不过，抱怨纵然能解一时怒气，却并不能解决问题，尤其是当抱怨的内容不断地重复时，那只能说明是自己有问题，而且不肯面对问题，只是企图用抱怨来正视问题。

无论如何，抱怨是负面效应。越抱怨，就会发现值得抱怨的事情越来越多。越花时间抱怨，越少时间改良。一肚子怨气的人，总是散发着一种天怒人怨的气质，会让你觉得跟他相处老是有一块黑压压的云镇住你的大好晴天；离开他，周遭会慢慢艳阳高照。从这个意义上来说，要想修炼情商的人，就一定要远离抱怨。

降低自己的期望值

很多时候，我们之所以抱怨，并不是我们没有得到什么，而是我们期望得到的太多。

所以，适当降低你的期望值，你会发现可以抱怨的东西也越来越少了。

学会换位思考

有时别人冒犯你，其中肯定是另有原因，不知哪些烦心事使他此时情绪恶劣，行为失控，正巧让你赶上了。当我们站在对方的立场上时，我们就会找出对方思维的合理点，从而理解其令我们不能接受的做法的产生根源，我们也就没有了抱怨。

小玲总抱怨他们家附近一家便利店的售货员态度不好，像谁欠了她巨款似的。后来她从邻居那里得知了这个女售货员的身世，原来她的丈夫有外遇之后，他们就离了婚，她还有老母瘫痪在床，上小学的女儿又患哮喘病，每月只能开四五百元工资，一家人住在一间15平方米的平房。难怪她一天到晚愁眉不展。小玲从此再不计较她的态度了，甚至还建议大家都帮她一把，为她做些力所能及的事。

如果我们经常从对方的角度设身处地的考虑和处理问题，多一些体谅和理解，多一些宽容，那我们在与人相处中就会多一些和谐，多一些友谊。另外，从某种意义上说，对方的触犯是发泄和转嫁他心中的痛苦，虽说我们没有义务分担他的痛苦，但确实可以用你的宽容去帮助他，使你无形之中做了件善事。这样一想，也就会容忍他了。

会感恩的人不会抱怨

抱怨别人就是对别人提出非分的要求。因为谁也不欠你的，没有谁必须对你好，也没有谁必须从你的角度考虑问题，别把他人对你的帮助看做是想当然，更别因为别人对你不好而抱怨。

无论你是谁，无论你在做什么，只要你心中常怀着一颗感恩的心，有着一种“正”的力量，随之而来，你必然会获得温暖、自信、坚定、善良等美好的品性。抱怨少了，你也会看到生活中更加动人的风景。

两个行走在沙漠的旅人，断水多日之后，碰见了一个吆喝骆驼的老人。老人给了口渴难忍的两人每人半瓷碗水。两个人面对同样的半碗水，一个抱怨水太少，不足以消解他身体的饥渴，抱怨之下竟将半碗水泼掉了；另一个也知道这半碗水不能完全解除身体的饥渴，但他却拥有一种发自心底的感恩，并且怀着这份感恩的心情，喝下了这半碗水。结果，前者因为拒绝这半碗水死在沙漠之中，后者因为喝了这半碗水，终于走出了沙漠。

哲人说过，世界上最大的悲剧和不幸就是一个人大言不惭地说“没人给过我任何东西”。这种人活在抱怨的阴影里，他们看不到幸福的阳光，只能触摸阴暗的黑夜。你生命中的所有人和事，一起让你成为现在的你。要感谢每位在你生命中出现过的人，不论他帮助过你还是打击过你，总之，他们都在以自己的方式与你同行，陪在你左右。感谢每件在你生命中发生的事情，不论喜悦的，还是失败的，正是它们的存在，磨砺你、激励你、成就你。

当在上司的心目中不占分量时；当没有完成一项工作时；当同事不好好配合时；当客户不满意时；不要一味地牢骚满腹，抱怨上司，指责同事。停下来，用感恩的心，平心静气地正视自己，客观地反省自己，问问自己的工作态度，问问自己的工作能力，或许，就打开了另一扇窗户。

有效管理压力，摆脱不良情绪

无论何时，不管怎样，我也决不允许自己有一点灰心丧气。

——爱迪生

人们常说“压力有多大，动力有多大”。这种说法显然有失偏颇。压力固然可以转化为动力，但是一旦压力过大，就会使人喘不过气来。现实生活中，我们常常听到有许多人总是抱怨，压力要把他们逼疯了，沉重的压力使他们快要崩溃。因此，有效管理我们面对的压力是非常重要的。

放下忧虑，不要自寻烦恼

在生活和工作中，很多貌似沉重的东西本身分量并不一定很重，而是因为我们把它看得太重。多数的烦恼是不值一提的。

曾经听过一个故事，说的是死神来到一个村落，向那里的人宣布："明天我要带走100人的生命，至于是哪些人，谜底就留待明天揭晓。"次日，当死神再次回到村落准备带人的时候，意外地发现这个村落中，一夜之间竟然死了1000人！

或许这个故事有些夸张，但是科学研究表明，人们在生活和工作中有许多压力是毫无必要的。下面的数字可能让我们对忧虑有重新认识。

人们担忧的事情有40%永远不会发生。

30%的忧虑涉及过去做出的决定，这些都是无法改变的。

12%的忧虑是出于自卑感而产生的。

10%的忧虑与健康有关，而越担忧问题就会越严重。

只有8%的忧虑可以列入合理的范围。

可见，有时人因为压力而感到忧虑，其实并非真正的压力所致，而是自寻烦恼。而这些大多属于"庸人自扰"的忧虑却会让我们花费大量的精力，为此不开心。

随时减压，合理释放压力

有很多人面对压力时，不是迎难而上，而是闹起了情绪，向别人抱怨、整天闷闷不乐。其实没有必要，你完全有能力控制自己的情绪。只要做好自我调节，适当减压，就可以轻松生活。正如哈佛学者所说，"当压力来临时，懂得减压的人才是高情商的人。"

这里是一些有效建议：

倾诉减压：现实生活中，很多人习惯总是包裹着自己，不愿意向外界倾诉，尤其是不愿向家人、配偶流露真情。所以找一个能理解自己的人倾诉，会是一个好办法。还可以主动寻求专业人士，如心理医生的帮助，在倾诉的过程中，可以得到压力的释放。这样不仅有助于减轻挫折和压力感，而且还能预防疾病。

写作减压："把烦恼写出来。"美国心理协会倍加推崇写作减压这种方式，写作的内容是什么呢？你的压力体验，你生理、心理上的一切烦恼。早在1988年，美国就有一些心理学家做过测试，一组人员专写压力和烦恼；另一组人员则只写日常浅显的话题。每4天一个周期，持续6周后，结果前一组人员心态更加积极、病症较少。可见，写作是一种效果显著的减压办法，只要一支笔一张纸，走到哪里都可以实行。在美国，不仅医院大夫鼓励病人记病床日记，就连一些书店也开始卖空白病历日志，甚至还有专门的书籍和杂志指导病人如何操作。

饮食减压：有医学研究发现，某些食物可以非常有效地减少压力。比如含有ＤＨＡ的鱼油，鲑鱼、白鲔鱼、黑鲔鱼、鲐鱼是主要来源。此外，硒元素也能有效减压，金枪鱼、巴西栗和大蒜都富含硒。维生素Ｂ家族中的Ｂ２、Ｂ５和Ｂ６也是减压好帮手，多吃谷物就能补充。工作的间隙，可以来一杯冰咖啡，能够很好的舒缓心情。在饮食上下工夫，可谓举手之劳。

大笑减压：笑是心理健康的润滑剂，它有利于驱走烦恼，消除心理疲劳。当你发自内心地大笑时，体内引起压力的激素和肾上腺素开始下降，免疫力增强。这种效果能持续24小时。有趣的是，当你预感即将大笑时，这种效果就已经开始了。因此，在面临压力时，不妨放声大笑，找点笑料，一笑解千愁。

音乐减压：音乐可促进你身体和心理的放松，缓解紧张的情绪，减轻心理压力。当你心情沮丧、闷闷不乐时，打开唱机，听听歌曲，你不仅可享受到一种美的艺术，而且可陶冶情操，激发热情，兴奋大脑，使你从中获得生活的力量和勇气。

睡眠减压：睡眠不足容易侵犯人体的T细胞，人体的T细胞是负责对抗外来细菌的，而且疲惫的身心更容易产生压力，一个有充足睡眠的人一定比经常性失眠的人压力耐受力大，并且也较能应付环境的变迁。

运动减压：慢跑、快走是一种缓解压力的好办法，而且简便易行。除了减压，慢跑、快走还对保持骨骼健康很有帮助，经常慢跑、快走，腿骨的密度平均要提高5%，每月9次以上，骨密度最大，即使每月只有一次，骨密度也有变化。

性爱减压：一次高质量的性生活，可以有效缓解压力。但不要忘了随情顺意是一次完美、和谐性爱的开始，因为她可能也同样感到压力大、忙而累，平衡好是关键。其实性是一种娱乐活动，在你的锦囊里精选一条妙计，确保性爱在浪漫情调中达到预期的指数，两个人都缓解了压力，应该算是一份意外收获。

善用压力，激发你的潜能

其实，压力带给人的感觉不仅仅是痛苦和沉重，它也能激发人的斗志和内在的激情，使你兴奋，使你的潜能被开发。美国鲍尔教授就曾说过："人们在感受工作中的压力时，与其试图通过放松的技巧来应付压力，不如激励自己去面对压力。"

一次马拉松比赛时，冠军是一位名不见经传的年轻人。他是第一次参加马拉松，而且还打破了世界纪录。因此，当他冲过终点时，许多记者蜂拥而上，不断地问："你怎么会有这样好的成绩？"

年轻的选手气喘吁吁地回答："因为，我身后有一匹狼！"听他这么一说，所有的人全都惊恐地回头张望，当然，他身后没有什么可怕的东西。这时，他继续说："三年前，我在一座山林间，训练自己长跑的耐力。每天凌晨，教练就叫我起床练习。但是，即使我尽了全力练习，却一直都没有进步。"年轻人这时停下脚步，坐在地上继续说："有一天清晨，在训练的途中，我忽然听见身后传来狼的叫声，刚开始声音很遥远，但是没几秒钟的时间，就已经来到我的身后，当时我吓得不敢回头，只知道逃命要紧。于是，我头也不回地往前跑，而那天我的速度居然有了突破！”年轻人停下来，喝了一口水后，说：“教练当时对我说：‘原来不是你不行，而是你身后少了一只狼！’我这才知道，原来根本没有狼，那是教练伪装出来的。从那次之后，只要训练时，我都会想象自己身后有一只狼正在追赶，包括今天比赛的时候，那匹狼依然追赶着我！”

每个人都要随时想象自己的身后有一匹狼。只有当适当的压力适时地莅临时，才能赋予我们生命以更新的意义，才能让潜力发挥到极致，而我们的世界也会因此而精彩绝伦。

没有人可以避免遭受压力，当我们面对巨大压力时，不可消极忍耐，更不能逃之夭夭。而要以饱满的精神、主动的态度去面对，尽量把压力转化为动力，要更加热情的去完成工作。记住，你的力量远远比压力大得多！

当你没有了激情，生活懒懒散散，那就给自己加压，定下一个目标，按限期完成；当你感到压力使你身心疲惫时，你就要进行舒解，放下一些攀比和力不从心的追求。

下篇 情商的开发：高情商是这样炼成的

EQ

第八章 思维修炼——掀起情商的头脑风暴

思维高度，决定着我们人生的高度。你生活的方向以及发生在你身上的每一件事情都由你的思维方式所决定，由此刻你大脑里正在进行的思维所决定，无论它们是积极的还是消极的，是建设性的还是危险的。对于情商来说，其中最好的消息就是：如果你改变了思维，你就改变了情商。

自信是情商的基础

我们唯一值得恐惧的就是恐惧本身。

——罗斯福

低情商的人，往往表现为不会人际交往，在公共场合不敢表现自己，胆怯，害怕遇到困难……其实仔细分析，他们之所以出现这些问题，根源就是自信心不足。事物本身并不影响人，人们只受对事物的看法影响。自信心可以影响到一个人的人际交往，一个人的表现力，一个人遇到困难时的态度等等，而这些都是情商的基本内容。所以说，培养情商的第一步就是要在你的思维中加入自信的成分，自信是情商的基础。

心理学家认为，两个重要的自我评价组成一个人的自信：一是“我是受欢迎的”，认为自己有讨人喜欢的外型，个性，人际交往能力；二是“我是能干的”，相信自己有能力解决问题，能为自己做成事情，也对他人有所帮助。

其实，关于自信的重要性，人人都懂，但是要真正从骨子里自信起来，的确是很难做到的事情，而且不是人人能够做到。那么，如何才能建立自信心呢？

不要凭想当然办事

现实生活中，许多人之所以贫困和缺乏社会地位，大部分原因在于他们有自己低人一等的感觉。他们想当然地认为自己低人一等，而不是以勇敢和独立的心态站立于人们面前。

20世纪初，有一家爱尔兰人，他们非常穷困。但因为想要移民美洲，便每天辛苦工作，省吃俭用3年多，终于存钱买了去美洲的船票。上船后，他们被带到甲板下，得知这里就是他们睡觉的地方时，全家人以为整个旅程中他们都得待在甲板下，而他们也确实这么做了，仅吃着自己带上船的少量面包和饼干充饥。一天又一天，他们都以充满嫉妒的眼光看着头等舱的旅客在甲板上吃着奢华的大餐。最后，当船快要停靠爱丽丝岛的时候，这家中一个小孩生病了。做父亲的找到服务人员说："先生，求求你，能不能赏我一些剩菜剩饭，好给我的小孩吃？"服务人员回答说："为什么这么问，这些餐点你们也可以吃啊。""是吗？"父亲惊讶的问道，"你的意思是说，整个航程里我们都可以吃得很好？""当然！"服务人员以更惊讶的口吻说，"在整个航程里，这些餐点也供应给你和你的家人，你的船票只是决定你睡觉的地方，并没有决定你的用餐地点。"遗憾的是，当这家人知道他们也有这样的机会以后，他们已经到站了，需要下船了。

这个案例生动地告诉了我们克服不良思维习惯是多么重要。这家人因为一直很穷，所以到了别人面前产生了严重的自卑感，以为不可能同别人处于同样的待遇水准上。所以，改变命运先改变思维。不要自我设限，在我们没有做出任何努力之前先不要自我封闭。不要凭想当然办事。之所以看伟人伟大，是因为我们跪着，如果我们站起来，我们同样是伟大的人。

体验成功找回自信

一个人产生自卑的一个重要原因，是遭受挫折和失败。有时候，失败确实也会激发潜能，使人一鸣惊人，取得辉煌的成就。但是，更多的时候，失败则会使人颓废，一次，两次、多次后，人就会丧失信心，甚至再也没有勇气尝试了。

有一个天生三条腿的美国人，他从小在别人的嘲笑与讥讽中长大。有一次，他参加马戏表演，扮演一个小丑，结果意外地取得成功，受到观众的热烈欢迎。从此，他找到了自己的人生坐标，刻苦练习演技，利用自己的身体“优势”，终于成为名噪一时的丑角明星。

可见，你越成功，你就会越有自信，也就越容易获得更大的成功。成功像无影灯一样，不会给人心灵上投下阴影，反而会满足我们自我实现的需要，产生良好的情绪体验，成为不断进取的加油站。而与此相反，失败会使人灰心丧气，离成功越来越远。因为一个人遇到一次挫折和失败，马上就会受到上司的轻视、朋友的疏远和亲人的责怪，使得他的自信荡然无存，产生破罐子破摔的心态，放任自己，产生恶性循环，要想翻身必须付出比别人多几倍的努力。

但我们也不能盲目地追求成功，掌握“点滴成功激励”的方法，才能真正实现“失败是成功之母”。现实生活中，你可以主动找一些简单并且比较容易成功的事情做，逐渐增强自信心。自信多一点儿，自卑就相应地减少一点儿，我慢慢走向成功。

从他人那里获得自信的力量

我们都是活在自己和别人的期望中。如果一直说孩子笨，孩子长大后就会认为他们自己笨。对孩子寄予厚望，他们越会有所成就。

培养那些给你增添自信的朋友的友谊，你也会获得自信的力量。

历史上有许多成功人士，都是受到一个有爱心的人或一个真诚的朋友的鼓励。例如，如果没有一个信心十足的妻子苏菲亚，我们也许就不会知道大文豪霍桑。当他伤心地回家告诉太太，他丢掉了海关的工作，他是一个失败者，她却很高兴地说："现在，你可以写你的书了！"由于她的相信和支持，美国文学史上一本伟大的小说《红字》诞生了。

现实生活中，有些人会击碎你的自信心，增加你的自疑，这时，你可以从其他人那里获得力量来建立自信心。正如幽默的乔·拉森有一次说："我的朋友们不相信我会成为一个最成功的演讲者，所以我只好另想办法，我出去给自己找一些新朋友。"另外，你也可以在书中找到这种朋友。已故肯尼迪总统就经常研究历史上的伟人，学习他们的伟大的领导能力。

转移注意力，发挥你的长处

很多时候，你之所以会产生不如人的感觉，原因就是你不用自己的"尺度"来判断自己，而用别人的"标准"来衡量自己。然后这个愚昧推理过程的逻辑结论是：我们没有"价值"，我们不配得到成功与快乐。

一位著名的演说家进行了一场别开生面的演讲。演讲一开始，他没讲一句开场白，却高举着一张20美元的钞票。面对下面的200个观众，问道："谁要这20美元？"场内一只只手举了起来。"我打算把这20美元送给你们中的一位。"他接着说，"但在这之前，请允许我做一件事。"他说着将钞票揉成一团，然后问："谁还要？"仍有人举起手来。他又说："那么，假如我这样做又会怎么样呢？"他把钞票扔到地上，又踏上一脚，并且用脚碾它。而后他捡起钞票，钞票已变得又脏又皱。"现在谁还要？"还是有人举起手来。

演说家说出结语："朋友们，无论我如何对待这张钞票，你们还是想要它，因为它并没有贬值，它依旧值20美圆。人生路上，我们会无数次被自己的决定或碰到的逆境击倒、欺凌甚至碾得粉身碎骨，我们觉得自己似乎一文不值。但无论发生什么，在上帝的眼中，你们永远不会丧失价值。在他看来，不论肮脏或洁净，衣着齐整或不齐整，你们依然是无价之宝。”

这一点的实现，需要建立在你充分认识自己之后。当你清楚知道自己的长处和不足后，就不要把注意力始终停留在自己的短处上。因为你停留的时间越长，黑色的阴影就越重。发挥你的长处，体现你的人生价值，更能让你肯定自我，从而克服自卑的心理。

情商，在自省中不断成熟

内省是做人的责任，没有内省能力的人不会是个成功的人，人只有通过自我内省才能实现美德与道德的兼顾，才能真正的认识自我。

——柏拉图

自省是我们在培养高情商的道路上必走的一步。

自省，其实就是一个认识自己的过程。唯有自省才能看见更真实的自己。这也正是情商的基本内容之一。因此，如果想要提高自己的情商，首先不要忘记给自己抽出一些时间进行自我反省。

南非的民族斗士曼德拉，在当选为总统之前，曾因领导和反对白人种族隔离政策而入狱，并在里边整整度过了27年。

当年，白人统治者把他关在荒凉的大西洋的一个叫做罗本岛的小岛上。而且，因为曼德拉的身份不同，专门用来看押他的看守就有3人。在那27年中，看守们残忍地虐待曼德拉：让他住在总集中营的一个“锌皮房”里，每天早晨要他排队到采石场做苦工，有时还让曼德拉从冰冷的海水里捞取大量的海带。

可是，就在1991年，曼德拉在他的总统就职典礼上做出了一个惊人之举。总统就职仪式开始时，曼德拉首先起身致辞欢迎所有来宾。在介绍了来自世界各国的政要后，他说，令他最高兴的是当初看守他的3名前狱方人员也能到场。他真诚地邀请他们站起身，以便把他们介绍给大家，然后站起身来，恭敬地向这3个看守致敬。

当时，在场的所有来宾以至整个世界，都静下来了。曼德拉以他博大的胸襟和宽宏的精神，让那些残忍地虐待了他27年的白人感到汗颜，同时也使所有到场的人肃然起敬。

后来，曼德拉向朋友解释说，自己年轻时性子非常急，脾气很暴躁，正是在狱中学会了如何控制情绪，所以才得以存活了下来。牢狱岁月给了他很多时间自省和激励，也使他学会了如何化解在遭遇苦难时的痛苦。

曼德拉的情商有目共睹，而他的高情商正是在自省中不断成熟起来的。自省是对自我动机与行为的审视与反思，用以清理和克服自身缺陷，以达到心理上的健康完善，它是自我净化心灵的一种手段，情商高的人最善于通过自省来了解自我，同时，他们的情商也在自省中得以升华和超越。

自省，让你及时在错误的路上止步

如果经常反省自己、以自己为镜，就能发现自己身上的缺点和不足，然后慢慢改正。古人尚能如此，可见自省多么重要，我们如果做不到自省，就不可能成为优秀的、高情商的人。

苏东坡曾经写过一篇名为《河豚鱼说》的文章，说是河里的一条河豚，一天游到了一座桥下，忽然撞到了桥柱上。它不去反省自己，也不去绕过桥柱继续前游，而是生起气来，愤怒地撞向桥柱。河豚越是生气，它越是用力撞桥柱，最终河豚漂浮在水上面，一动也不动死了，后来它被一只老鹰发现了，成了老鹰的美餐。

如果河豚知道适时反省自己：或者绕过桥柱；或者返回泅游，它也不会白白葬送了性命。

我们人也是一样。有句格言说得好："不是因为遭遇了挫折，我们才迷失自我；而是因为我们迷失了自我，才会有那么多的失败。"当一个人事事不如意，不被别人接受，生活上遇到坎坷、磨难时，该怎么办呢？其实人们只要善于自省，通过剖析、自律、克制、反思来客观地评价自己，就会发现自己的缺点，从而认识到缺点并加以改正，就会从为别人所不齿到让人刮目相看。

当然，有时自省和自我革新是一个比较痛苦的过程。人们内心都存在一种执着，不愿改变固有的模式。因为改变意味着不确定性，不确定性表示危险。为什么要放弃原本平静的模式追求危险呢？但是，原来的模式可能会把我们领进"死路"，只有突破才能找到新的出路。从这个意义上来说，你也必须学会自省。

自省，重新发现你的优点和潜能

自我省察不仅是对自己的缺点的勇于正视，它还包括对自己的优点和潜能的重新发现。一个有较高情商的人，一定是一个能够不断地自我反省，发现自己的优点和缺点，并做到扬长避短，最大程度地发挥自己的潜能的人。

有一群年轻人，他们大学毕业后进入同一家外企工作，但是公司要求新员工必须从基层做起。同去的新人总是聚在一起抱怨：“这种工作还要我们来做，我看他们就是在打发我们，我才不干呢！”只有一个年轻人没有把抱怨挂在嘴上，相反，他不仅每天认真地做好每一件工作，还经常帮助其他人干活。由于他态度端正，得到了方方面面的称赞。

更难能可贵的是，这位年轻人是个有心人，他有一本工作日记，每天都把自己一天的工作记下来，同时反省在这一天中有什么处理得不恰当的问题。如果有疑问，他就虚心地请教老员工，大家也都很乐意去帮助他。

经过半年的磨练，年轻人掌握了全部基层工作的要领。但他依然每天记录工作日记并反省自己。很快，他就被提拔为基层负责人；又过了半年，他就成了部门的经理。而与他一起进公司的其他员工，则还在基层抱怨着……

生活中有很多像这个年轻人一样的成功者，他们除了只有极个别人是天资极高的“神童”之外，并没有哪个成功者在智力上有什么出类拔萃之处，大多都是如曾国藩所说的“中人之质”而已。但是，他们都有一个共同之处，就是都非常善于学习，勇于进行自我反省。

其实，每个人都有自己的优点和缺点。有的人因为缺点而全盘否定自己，把那些本来没什么的弱点和不足变成了沉重的心理包袱，压得自己喘不过气来，整天只能在生活的阴影中自怨自艾；有的人始终用欣赏的目光来看自己，即使看到自己有不少的缺点，他们也不会否定自己，他们认为缺点也是自己的一部分，缺点和优点共同塑造了世间独一无二的自己，他们相信自己能够超越缺陷，能够将它转化成自己的优势。

总之，一个人在自己的生活经历中，在所处的社会境遇中，能否真正认识自我、肯定自我，如何塑造自我形象，如何把握自我发展，如何抉择积极或消极的自我评价，将在很大程度上影响或决定着一个人的前程与命运。换句话说，你可能渺小而平庸，也有可能美好而杰出，这在很大程度上取决于你是否能够反省，充分地认识自己。认识自我，你就一定能够在自己的人生中展现出应有的风采。

塑造自己的价值观

成功只有一种，那就是能够用自己的方式度过自己的一生。

——克里斯托弗·莫利

有什么样的决定就会造成什么样的命运，而主宰我们做出不同决定的关键因素就是个人的价值观。

那么，什么是价值观呢？

价值观，是一个人价值取向、价值追求，凝结为一定的价值目标。简单地说，就是每个人判断是非黑白的信念体系，引导我们追求所想要的东西。

海伦是个地方报纸的专栏作家，专门报道内幕新闻，薪水很高，朋友都觉得她很幸运，然而，她从来就没有感受到成功。

为什么？因为她非常重视人道主义：她喜欢帮助人，她以帮助人为快乐。写这种专栏不但不能满足她帮助人的欲望，还令她有剥削别人的感觉。但最重要的是：海伦根本就不喜欢写这种专栏。写这种专栏，对她来讲，就是一种自己害自己的决定。看不起自己的工作，使得她看不起自己，也使她觉得不成功。

假如海伦清楚自己的价值观，认识自己的价值观，那么她一定会找个新的工作，也许就能写能帮助人的专栏。相信你也一定遇到过棘手的情况，迟迟下不了决心。这其中的原因就是你不知道这种情况下什么是最重要的价值。事实上，一切决定都植根于清楚的价值观。高情商的人则往往不会犹豫，他们一般能够很快地做出决定。那是因为他清楚地知道自己人生最重要的价值何在。价值观有如人生的指南针，引导我们走出人生中各种困境。

找出自己的价值观

当你一个人静下来的时候，你有没有问过自己："每天忙来忙去，我到底在忙什么？我真正追求的是什么？"研究发现，有93%的人不明确自己的价值观是什么，他们不知道自己忙来忙去究竟追求的是什么，如同水面上的浮萍一样，糊里糊涂地过了一生。

如果你希望自己获得不凡的成就，创造卓越和美满的人生，那么一定要找出自己的价值观，然后确实依照自己的价值观过好每一天、每一刻，这正是情商修炼的根本所在，同时也是最容易被忽略的部分。

有一只狐狸想溜进一个葡萄园里大吃一顿，但是栅栏的缝隙太小，它钻不进去。在狠狠节食了三天后，它总算能钻进去了。但是当它大吃一顿之后，肚子又鼓得出不来了，只好在里面又饿了三天，才钻了出来。这只狐狸感慨地说："忙来忙去，到头来还是一场空。"

在繁忙的生活中，我们中的很多人都在忙着去赚钱，却很少有人去规划一个值得拥有的人生。该做管理员的跑去做推销员，该做律师的跑去当医生，应该做医生的却自己创业做老板……如果你也是这样，也许就会像故事里的狐狸一样，忙来忙去，到头来还是一场空。

一个人是否每天都有明确的目标、是否每天都合理的安排时间，这对于他离成功的远近无疑有着重要的影响。马斯洛就曾说过："音乐家作曲，画家作画，诗人写诗，如此方能心安理得。"当你知道了自己的价值观后，就能更清楚明白自己的作为，不会今天一下子向东、明天一下子向西，就能够在匆忙的人群中寻找到自己的位置了。

坚守正确的价值观

如果我们不知道自己人生中什么是最重要的？什么价值是我们确实应该坚持的？那么怎会知道该建立什么样的人生价值呢？又怎样能知道该做出何种有效的决定呢？

不管你的价值观是什么，千万别忘了，它就是你人生的指南针，引导着你人生的去向。每当你面临选择的关头，它就会引导你做出决定，使你拿出必要的行动。这个指南针如果你使用不当，就会给你带来挫折、失望、沮丧，甚至人生就此掉进阴暗的世界；而使用得当，它就会带给你无穷的力量，人生充满自信，不论处在任何状况都抱乐观态度，这是许多高情商者所共存的一个特质。

比如划时代的科学家，改变世界的智者、哲人、伟人爱因斯坦，他一生醉心科学，厌恶追逐金钱，大额英镑被他随意当做书签，然后随书丢了。在他看来，每一件财产都是一块绊脚石，一个人的价值并不体现在财物中。

当爱因斯坦来到普林斯顿的高等科学研究所工作时，当局给了他相当丰厚的高薪——年薪16万美元，他却说："这么多钱，是否可以给我少一点工资？给我3000美元就够了。"

华人商界领袖李嘉诚曾说过，人们往往把不成功归结于坏的运气，其实，很多人的失败是由于他们错误的行为而导致的，只是他们没有注意到自己的错误而已。我要说的是，他们之所以感觉不到自己的错误，是因为他们行为的背后有着错误的价值观作支撑。他们往往误把不正确的价值观作为自己行为的基础，而这种错误的价值观是不可能引导他们走向成功之路的。

因此，好好思考你目前所持的价值观，且今后你要坚守正确的价值观；修正错误的价值观，因为你的一切决定都受制于所持的价值观，半点都由不得自己。

表现你的价值观

每个复杂的体系，不论它是一部机器，或是一台电脑，其各部分结构都得协调一致，相互支持，方能达成最佳的效果；如果各行其是，没多久便会停机，人类也不例外。我们的行为若无法与内心最重要的愿望相符，那么便会在内心产生对立，成功也就遥遥无期了，更甭谈什么发挥潜能了。

要想发挥潜能，要想成功，你就一定得表现你的价值观。换句话说，你必须根据你最重要的事情来拟定你的目标。

一个寒冷的冬天，小镇上来了一群逃难的人。镇长杰克逊大叔组织居民给他们送去食物。这些逃难的人接过食物就狼吞虎咽起来，只有一个人例外。当食物端到这个脸色苍白、骨瘦如柴的年轻人面前时，他问："先生，吃您这么多东西，您有什么活儿需要我做吗？"善良的杰克逊大叔说："不，我没有什么活儿需要您来做。这个年轻人的目光顿时黯然下去，失望地说：“先生，那我怎能随便吃您的东西。我不能没有经过劳动，便平白得到这些东西！”杰克逊大叔顿了一下说：“我想起来了，我家确实有一些活儿需要您帮忙。不过，等您吃过饭后，我就给您派活儿。”“不，我现在就做活儿。等做完了您的活儿，我再吃这些东西！”杰克逊大叔思忖了片刻，然后说：“小伙子，你愿意为我捶捶背吗？”说着，就蹲在这个已经两天没吃东西的年轻人跟前。年轻人蹲下来，十分认真而细致地给杰克逊大叔捶背。几分钟后杰克逊大叔满意地站起来，赞扬他捶的好，并将食物递给了他。年轻人这才接过食物，狼吞虎咽地吃起来。杰克逊大叔十分赞赏这个年轻人，让他留在了自己的庄园里。20多年后，这个年轻人成了亿万富翁，他就是美国石油大王哈默。

哈默之所以能从众多的流浪者中脱颖而出，从内在来看，是因为他找到了正确方向的起跑线，这个起跑线，就是他的价值观，即“我不能没有经过劳动，便白白得到这些东西！”这种价值观使他表现出了与众不同的行为，也带来了与众不同的结果。可见，更好地发挥潜能和你的价值观是分不开的。

有一句话说得好：“成功的人并不是有什么特殊的天赋，他们与一般人唯一的不同——就是他们能坚持做自己不喜欢、不愿意做的事。”而他们坚持的理由就是他们的价值观。

训练积极的思维，开启情商之源

成功人士始终用最积极的思考，积极主动地认识自我，用最乐观的精神和最辉煌的经验支配和控制自己的人生。

——苏埃尔·皮科克

成功学的始祖拿破仑·希尔说：“一个人能否成功，关键在于他的心态。成功人士与失败人士的差别就在于成功人士有积极的心态，而失败人士则习惯于以消极的心态去面对人生。”而这种心态的差别就源于思维模式的不同。消极的思维，带来消极的心态、消极的情绪；积极的思维，带来积极的心态、积极的情绪。

从前有个老太太，她有两个女儿，她们各开一小店，大女儿卖伞，小女儿卖遮阳帽。可自两个小店开张后，老太太就没开心过，整天神情抑郁地呆坐在门前，一脸晦气。

一天，牧师路过她家，便主动上前问：“太太，您怎么了？有病吗？”“我烦哪!”老太太神情沮丧地说：“晴天，我大女儿卖伞的生意不好，我烦；雨天吧，我小女儿卖遮阳帽生意不好，我也烦。”

“您应该高兴才对呀!”牧师说。

“别来逗我了，”老太太显然生气了，“到别的地方寻开心去，我才没有你那样消闲!”

“太太，您听我说，”牧师诚恳地说，“晴天，你小女儿卖帽子不是很好吗？而雨天，你大女儿卖伞是不是卖得很快？因此，您应该高兴呀！”

“对呀!”老太太豁然开朗，“为什么我先前没有这么想呢？”

故事中老太太的抑郁就是因为用消极的心态看待问题，牧师的指点让她重现了往日的欢愉。只有对生活中的一切问题抱积极的态度，生活才能丰富多彩。如果你想做一个高情商的人，就一定要先培养积极的思维，然后才能在这个多困难的世界中淡定而快乐的生存。

以下几条原则，可以帮助你培养和加强积极思维的能力。

常想拥有的

就大多数人而言，人们所拥有的往往不会比没有的少，而且重要性要大得多。有些人拥有的足以让他的日子溢满幸福，之所以日子过得很不开心，其症结就在于整天总是想着他所不具有的。

古人云，“人生不如意事十之八九”，如果不想让自己陷入悲观思维中，就要常想生活中如意的事情，想你所拥有的东西，久而久之，你一定可以变成一个积极乐观的人。

享有国际盛誉的伟大科学家霍金，在21岁时不幸患上了会使肌肉萎缩的卢伽雷氏症，所以被禁锢在轮椅上，只有三根手指可以活动。一次，他借助专用电脑做完学术报告，有位女记者获得提问的机会，出人意料地问道：“霍金先生，卢伽雷病已将你永远固定在轮椅上，你不认为命运让你失去太多了吗？”霍金听到这样一个悲哀的问题，表情还是那样的安详。几乎与他操作键盘的动作同步，扬声器和投影屏传递出他要表达的意思：“我的手指还能活动，我的大脑还能思维；我有终生追求的理想，有我爱和爱我的亲人和朋友……”

一个丧失了太多太多的人，还想着自己所拥有的，这种豁达的胸襟和心态，给听众的心灵造成强烈的震撼，不由得对这位科学巨匠肃然起敬，随之便响起雷鸣般的掌声。

现实生活中，一个人所拥有的，足以使人感到生活幸福的要素很多，比如健康的身体，亲人的关爱和呵护，可以肝胆相照的友谊，受教育的机会和工作的权利，还有充裕的时间和精力。当你以为自己失去了一切的时候，想想原来还有这么多珍贵的东西，你一定能够重新站起来。

积极自我暗示

你的信念成为你的思想，而信念属于积极的心理状态，是可以通过自我暗示诱导和训练出来的。

曾经听过这样一个故事，在日本的富士山上，有一所专门培养企业领导人的学校。这个学校有一项很特别的课程，就是每天出操、上课时，学生都要大声地连续呼喊："我能行！我能行！"呼喊声响彻操场，响彻教室。因为这个学校的创办人认为：一个成功的人，一定要有"我能行"这样一种强烈的成功意识和自信的力量。可以说，呼喊声除了在富士山上久久回响，也在学生们的心里久久地震荡。

当我们开始用积极的方式思维并把自己看成成功者时，我们就开始成功了，这就是自我暗示带来的积极能量。

自我暗示，其实就是将我们的想法或所想达成的任何愿望，经过在心中不断地描绘和想象已达成或是完成时的景象，大声地朗读你的目标和愿望，同时加以切身地去感受和体会已达成时的景象及内心感受，而将你的目标或愿望灌输至潜意识中。

不过现实生活中，更多的人却是给自己消极的心理暗示。他们常常说

“我不行”、“我口齿不清”、“我形象不佳”，渐渐地，他们便会真地相信自己果真不行，果真口齿不清，果真形象不佳了。

当然，积极的自我暗示并不是盲目乐观，脱离自我现实，以空幻美妙的想象来替代现实，而是客观、理性地看待自己，并对自己有积极的期待。人本性地有着自我接纳的倾向，如果你要学会通过适度的积极暗示接纳自我，那么，你的消极情绪必然会减轻许多。

开始积极的行动

许多人总是等到自己有了一种积极的感受再去付诸行动，这是在本末倒置。积极的行动会导致积极的思维，积极思维会导致积极的人生态度，而态度是紧跟行动的。如果一个人从一种消极的人生态度开始，而不是付诸行动，总是等待着感觉把自己带向行动，那他永远也成不了梦想中的积极思维者。

20世纪70年代，美国有个叫法兰克的穷小子，去芝加哥谋生。可他在繁华的芝加哥转了几圈后，却连一个容身之所都没有找到，无奈之下，便买了把鞋刷给别人擦皮鞋，以便留在这个城市。半年后，他有了一些微薄的积蓄，便租了一间小店，边卖雪糕边擦鞋。谁知道雪糕的生意越做越好，后来他干脆不擦皮鞋了，专门卖雪糕。如今，法兰克的“天使冰王”雪糕已拥有全美70%以上的市场，在全球有60多个国家超过4000多家的专卖店。

巧的是，与法兰克几乎同时到达芝加哥的，还有一个叫斯特福的年轻人。斯特福的父亲是一位富有的农场主，斯特福上了大学，还读了研究生。就在法兰克给别人擦皮鞋的时候，斯特福住在芝加哥最豪华的酒店里进行市场调查，耗资数十万。经过一年的周密调查，斯特福得出的结论是：卖雪糕一定很有市场。当斯特福把结果告诉父亲时，遭到了强烈反对而没有付诸行动。后来，他又经过一番精确调查后，还是觉得卖雪糕的生意好做。一年后，他终于说服了父亲，准备打造雪糕店。不过此时，法兰克的雪糕店已经遍布全美了。斯特福最终无功而返。

看看那些本该事业有成，却一事无成的人，我们就会明白，正是因为缺乏积极有效行动，才导致了现在的局面。

如果你只是坐着空想，一天天过去了却没有开始行动，那你就应该停止你的这种“过虑”，让你的脑子歇一会，不用考虑那么多了。去整理整理衣服，给别人打电话，或者其他任何你想做的事情都可以，只要你开始做事就可以。每当你的想法和感受让你觉得踌躇不前的时候，你就应该停止你的想法，关键是开始行动。

值得注意的是，像做任何事情一样，成为积极思维者是一个连续不断的过程。如果你能坚持下来，你会发现你的人生观和生活质量都大大改观。

总之，绝对不要低估思维方式的力量。有了积极的思维，就等于打开了一扇情商的大门；如果你的思维方式也是积极的，它会送你踏上成功之路。至于能否到达成功的目的地，那要看你在路途上的努力如何了。

幽默感，是打开情商之门的钥匙

或许我们来到世上是为了一个伟大的目的，即培养一种奇妙的幽默感。也许笑声是打开欢乐之锁的金钥匙。

——唐·米尔曼

幽默是一种特殊的情绪表现，是一种积极的、乐观的思维方式，也是人们适应环境的工具。具有幽默感，可使人们对生活保持积极乐观的态度。许多看似烦恼的事情，用幽默的方法对待，往往可以使人们的不愉快情绪荡然无存，立即变得轻松起来。

幽默的妙招举不胜举，很难用固定的程式加以框定。但作为一种思维方式，其表达技巧似乎又有踪迹可循。

敢把自己当笑料

幽默的乐趣很多来自敢于把自己当成笑料的勇气。

比如，当你做错了某件事情时，如果你能笑谈自己的失误，并与他人同笑，那么你不仅给别人带来了愉快和轻松，同时也治愈了失误引起的痛苦。

年过四十的女演员上台领金像奖时，因为行走的过于匆忙，礼服上的披肩滑落在了地上。在无数记者、影迷的注视之下，这是多么尴尬的事啊。然而影后毕竟是影后，她镇定自若地拾起披肩，然后不慌不忙地说道："女人一过四十，什么都往下掉。"此言一出，顿时赢得了满堂喝彩。

她滑落的披肩已不是尴尬，而体现出多年历练出的沉稳风度。

再比如，当你莫名其妙地被别人当做取笑对象时，惶恐狼狈、恼羞成怒都不足取，你可以敏捷地接过对方打趣的话头，让它对准自己，来个以退为进，幽默自己。

新中国成立前上海有位大学教授叫姚明晖，体弱清瘦，却总是宽袍大袖。入冬畏寒，姚教授头戴大风兜，远看只露出一副眼镜，一个尖尖的鼻子，一撮翘翘的山羊胡须，颇有点滑稽。一天上课，教授一走进教室，只见黑板上不知谁画了一只人面猫头鹰，而那人面竟画得像自己，姚先生立定看了一会，毫无愠色，拿起一支粉笔，一本正经地在漫画旁写道：此乃姚明晖教授之尊容也。大家笑了，姚先生也笑了，那位漫画作者顿时对教授产生了一种高山仰止的尊敬。

当你学会了如何笑自己时，你会发现你已经掌握了幽默这种能力。而且，你还很好地为别人做了一个示范，使身边的人也渐渐接受这种自我取笑的幽默艺术。即使以后你与他一同取笑他的失误时，你既不会伤他自尊，也不会令他不悦，因为你已经证明你是个能与他人共欢笑的人，而不是只在一旁取笑、批评他的人。

豁达的人生态度

心情沉重的人，肯定笑不起来；心中总是充满狐疑的人，话里肯定不会荡漾着暖融融的春意；整天都是牵肠挂肚的人，他的话里肯定也有着化不开的忧郁……只有心怀坦荡、超越了得与失的大度之人，才能笑口常开，妙语常在，话中总是带着对他人意味深长的关爱，带着对自己不失尊严的戏谑。一句话，豁达生发出幽默，幽默生长于豁达。

书画大师启功成名之后，模仿他笔墨的人便也多了起来，而且经常有人公然在市面上出售。有一次，启功和几个朋友走在大街上，路过一个专营名人字画的铺子，有个朋友打趣地说："不妨到里面看看有没有你的作品。"启功也好奇，大家便一起走进了铺子，果然发现好几幅"启功"的字，字模仿得也真够"水平"，连他的朋友都难以辨认，就问："启老，这是您写的吗？"启功微微一笑赞道："比我写的好，比我写的好！"众人一听，全都大笑起来。

说话之间，又有一人来铺里，问启功一行人："我有启功的真迹，有要的吗？"启功说："拿来我看看。"那人把字幅递给他。这时，随启功一起来的一个朋友随口问卖字幅的人："你认识启功吗？"那人很自信地说："认识，是我的老师。"朋友笑着转问启功："启老，你有这个学生吗？"作伪者一听，知道撞到枪口上了，刹那间陷于尴尬恐慌无地自容之境，哀求道："实在是因为生活困难才出此下策，还望老先生高抬贵手。"启功宽厚地笑道："既然是为生计所迫，仿就仿吧，可不能模仿我的笔迹写反动标语啊！"那人低着头说："不敢！不敢！"说罢，一溜烟地跑走了。

面对这样的状况，大概不少人都会感到气愤，或者满是抱怨。而诸如启功一样幽默的人则不会为这样的不愉快而生气，而是以调侃代之。幽默的趣味正是来自于这样豁达的人生态度和为自己解忧的健康理念中。

对生活深刻感悟

很多时候，幽默的趣味还来自于人们对于现实的巧妙引申和嘲弄。

在一次智力竞赛中，主持人提问："'三纲五常'中的'三纲'指什么？"只见一位女学生抢答道："臣为君纲，子为父纲，妻为夫纲。"

她一说完便引起了哄堂大笑。因为她的回答，恰好颠倒了三者关系。这位女学生也立刻意识到了，随即补充道："我说的可是新'三纲'。现在，我们国家人民当家作主，领导者都是人民的公仆，岂不是'臣为君纲'吗？当前，国家实行计划生育政策，一对夫妻只生一个孩子，孩子成了小皇帝，岂不是'子为父纲'吗？如今，许多家庭妻子的权力远远超过丈夫，'妻管严'到处流行，岂不是'妻为夫纲'吗？"话音刚落，掌声四起。

这种源于对生活深刻感悟的幽默实在能让人在开怀一笑的同时，又静静品味，不住叫好。这是幽默的趣味之源，也是它之所以不同于滑稽和笑话的所在。

不过，很多时候，我们却不能像这位女学生一样能随口而出，那该怎么办呢？

克和夫兰州立大学教授麦克卡蒂的方法可以拿来一用：几年前，他想和自己的孩子共享欢乐，想个主意，制作了一本幽默手册。麦克卡蒂说："我们管它叫《真是荒唐》，并着手收集编录其内容，结果它成了我们之间的一种真正纽带。"当然，编辑这么一本幽默手册很费时间，但自己备一份笑料，却是简单得多。可将自己喜欢的幽默故事剪辑起来，也可准备一本练习簿，随时将日常生活中的幽默轶事记录下来，幽默的习惯不就培养起来了吗？

另外，还要多参加社会交往。多接触形形色色的人，增强社会交往能力，也有利于培养自己的幽默思维。如有机会可参加专门的幽默训练，但更重要的还是，要从自我心理修养和锻炼角度来提高自己，比如拓宽自己的知识面，知识积累得多了，与各种人在各种场合接触就会胸有成竹、从容自如。

接受不完美，才是一种完美人生

完美深藏在不完美之下，学会接受不完美。

——莫利·琼法斯特

生活中就常有这样一类人：即使事情做得很成功，大家都在相互庆祝，他却一脸的不高兴，还在为过程中的一些小失误而遗憾，为没有完全达到自己的目标而埋怨。他们常说："要是当时能这样做，结果就更好了。"在他们的眼中：只有更好，没有满意。我们称其为"完美主义"

者。不过，从情商的角度来说，他们还有一个名字——低情商者。

其实，追求完美，可以说是人类与生俱来的一种天性，或者说是在渐渐成长的过程中养成的一种思维模式，在某种意义上讲是一种积极的人生态度。但是，现实是并不存在十全十美的东西，如果过度要求事事完美，则必然会滋生浮躁情绪，反而会让事物变得毫无完美可言。

在印度佛教的《百喻经》中，有这样一则可笑而发人深省的故事。

一位先生娶了一位体态婀娜、眉清目秀且性情温和的太太，两人恩恩爱爱，是人人羡慕的神仙美眷。

这位太太柳眉、凤眼、樱桃小嘴、瓜子脸，虽然眉清目秀，唯一美中不足的是长了个酒糟鼻子。这位丈夫虽然很爱自己的妻子，但对她的鼻子却终日耿耿于怀。他觉得妻子原本应该是一件足以称傲于世间的艺术精品，上帝却是一位失职的艺术家，少雕刻了几刀。

一日，他外出经商，路过贩卖奴隶的市场时，发现市场中央站了一个身材单薄、瘦小清瘦的女孩子，正以一双泪汪汪的眼睛，怯生生地望着面前这些能决定她未来命运的人。他仔细端详了一下女孩子的容貌，便决定要不计一切代价买下这个女孩子。原来这个女孩子的容貌虽然并不出色，但她的脸上长着一个端端正正的鼻子，这鼻子的线条十分美丽，他立刻被这个鼻子深深地吸引住了，最终以高价买下了这个长着端正鼻子的女孩子。

于是，这位丈夫兴高采烈地带着她日夜兼程地往家赶，想给心爱的妻子一个惊喜。到了家中，把女孩子安顿好之后，他便用刀子割下了女孩子漂亮的鼻子，拿着血淋淋还温热着的鼻子，大声喊道："夫人，快出来！你看我给你买回来的最宝贵的礼物！""什么宝贵的礼物啊，看你这么大呼小叫的！"太太不解地应声走出来。"看呢，我为你买了个多么端正美丽的鼻子啊，快戴上看看。"丈夫说到这，忽然抽出怀中锐利的尖刀，一刀朝太太的酒糟鼻子砍去。刹那间，太太的鼻梁血流如注，酒糟鼻子掉落在地上。丈夫连忙用双手把端正的鼻子按在妻子脸上的伤口处。但是无论丈夫如何努力，那个漂亮端正的鼻子始终无法贴在妻子的鼻梁上。

有些人以为自己是在追求完美，其实他们错了，因为他们是在追求不完美中的完美，而这种完美根本不存在。可怜这位妻子，既得不到丈夫苦心买回来的端正而美丽的鼻子，又失去了自己那虽然丑陋但是货真价实的酒糟鼻，还受到无端的刀刃创痛。而那位丈夫的愚昧无知，更是叫人觉得可怜又可恨。

古语有云："金无足赤，人无完人"、"甘瓜苦蒂，物不全美"。假如我们在自己的思维中加入了这些概念，那么我们的内心就会稳健许多，就会重新感受到生活的乐趣。

下面提供的几点建议，或许可以帮到你：

重新树立评价标准

改掉自己原来那种完美的、苛刻的、倾向于全面否定的标准，要认识到人是不可能达到完美的。哲学家柏拉图对现实世界和理想世界做了一个区分。他说现实世界，亦即我们感觉到的世界，是一个有阴影的世界，是卓越的、永恒的世界的不完美的反映。在柏拉图的眼中，这个现实世界是很难找到完美的东西的。即使是每年的世界小姐也没有绝对完美的脸庞和身材，她只是评判心目中最接近柏拉图式理想的世界小姐的人选而已。她自身并不是理想中的人选，只是近似而已。

注重自我肯定和鼓励

完美主义者表面上都很自负，其实自己内心深处却是非常自卑。比如，你很少看到自己的优点，总是在关注自己的缺点，而且总是不知足，也很少肯定自己。不知足就不快乐，周围的人也一样不快乐。所以，注重自我肯定和鼓励是很重要的，学习多赞美自己，把过去成功的事例列在纸上，坦然愉悦地接受别人的赞扬并表示感谢。

禁忌过分要求

完美主义者总是喜欢对自己提出过分要求。例如，一些自我严格要求的学生在考试中如果得不了100分就会失望，虽然考了95分同样可以得到“优秀”，但他们也会说：“我没考好。”其实这就是完美主义倾向的表现。此时，你可以用你理性的自我问自己：“我真的需要更努力吗？这是不是我的自我评价强加给我的过度的要求？”“我真的需要换一种方式做这件事吗？”用你的思考把武断的“应该”和“需要”从大脑中驱除出去。要知道，每做一件事情时，100%满意是不可能的，因此拿到95%的“分数”就已经足够了。

不仅如此，完美主义者通常还会以完美主义者的标准来要求他的同事、部属、朋友和子女。他制定了很多规则与标准来束缚自己，牵绊他人，结果自己和周围的人都苦不堪言，不胜其累。生活中有不少大发雷霆或紧张不安的情绪都是源起于他人的某些细节行为并未达到你的完美主义或严格甚至苛刻的要求，这时其实是你把自己的完美主义强加给其他人。事情的关键在于没有人是完美的，包括你自己。因此，你有什么理由期望别人是完美的呢？因此，不要期待你的配偶、孩子、同事、下属和你生活中重要的人都完美无缺。

把你的自我从宇宙的中心拿走

不要再想象一切都绕着你转，也不要想象所有的东西都会按照你的方式运行。这里有一个心理练习：想象你坐在一个热气球下面的篮子里，慢慢地飘到空中几百英尺的地方。现在，就像你在远处看别人一样向下“看”自己在房子里或者在工作，你会发现自己只不过是许多人中的一个。让你的问题和你的生活恢复到正常的水平，丢掉那些以自我为中心的想法带给你的过度的紧张。

不要完全满足别人

在人际交往方面，为了维护自己这个完美的角色，完美主义者往往违心地满足别人的要求，委屈自己，打肿脸来充胖子。这时候你应当记住：你不能取悦每一个人，也不能满足所有的人。你不可能完全达到你的父母、配偶、孩子、兄弟和上司、同事的期盼。不论怎样，你都必须认识到你会在某些地方会使某个人失望。亚伯拉罕·林肯曾经作过一个著名的演讲，演讲中有这样一席话：“你可以一直取悦一些人，也可以在一段时间内取悦所有人；但是你不可能在所有的时间里取悦所有的人。”

谁也不可能十全十美，“最完美的商品只存在于广告中，最完美的人只存在于悼词中”，完美永远是可望而不可即的。如果你想成为高情商的人，就请你最好脱下虚假的外套，亮出真实的自我，当你不再注意自己是否完美时，或许有一天你会惊喜地发现往日渴求的完美，今天已经具备。

第九章 习惯修炼——利用惯性的惊人力量

习惯在人的一生中，左右着你奋斗的轨迹。高情商者并不见得很聪明，但是好习惯让他们变得更有教养、更有知识、更有能力；高情商者也不一定更有决心或更加努力，但是好习惯却加大了他们的决心和努力，并让他们更有效率、更具条理。因此，改变坏习惯，对于任何一个想成为高情商的人来说都是刻不容缓的。

EQ

下篇 情商的开发：高情商是这样炼成的

养成记住别人名字的习惯

记住别人的名字，而且能轻易地叫出来，等于给别人一个巧妙且有效的赞美。

——卡耐基

你知道这个世界上最重要的语言文字是什么吗？

“谢谢？”“我爱你？”

不不不，这些都不能获得所有人的认可。正确答案是：自己的名字。

一个人的名字，对他（她）来说，是所有语言中最甜蜜、最重要的声音。这是因为每个人都希望自己名垂后世，万古流芳。在潜意识里，这是一种彰显个人价值的冲动。依照这种心理诉求，在与人交往的过程中，如果对一个你不是很熟悉的人，能记住他（她）的姓名，并是毫不费劲地叫出来，这会使对方感到被重视，心里暖融融的，对你也就充满了好感，无形之中能拉近他（她）与你之间的距离。

因此，在与人交往中，如果你养成了记住别人名字的习惯，一定会使自己成为广受欢迎的人。对于修炼情商的人来说，这无疑是一条捷径。

吉姆·佛雷幼年丧父，从小就与母亲和两个弟弟相依为命。而且为了维持基本的生计问题，他很早就辍学了，并到处打工养活家人。早年的艰辛培养了吉姆·佛雷坚韧的性格，再加上他的勤奋和努力，终于成为了英格兰国家邮政局邮政首长。吉姆·佛雷在总结自己的成功经验时，除了强调他“辛勤工作”外，还特别指出自己能够记住5万人的名字。原来吉姆·佛雷养成了这样一种习惯——每当认识一位新朋友时，他都会从对方姓名、家庭状况、工作等方面给予关注，形成一种形象瞬间记忆模式。以致于多年后还能和对方攀谈，询问一些关切的问题。

记住并重视朋友的名字，正是吉姆·佛雷的领导情商之一。但现实生活中，我们有多少人能这么做呢？当我们被介绍给一个陌生人，聊上几分钟，说再见的时候，我们大半都已不记得对方的名字。

其实，学着记住他人的名字，对我们来说并非一件遥不可及的事情。当然，这也是对情商的一个考验。

对名字产生视觉印象

人们都说眼睛是心灵的相机，能把人们注意的东西记录下来。我们如果闭上眼睛，头脑中就会出现多种多样的面孔，就跟看照片一样。大脑之所以记住这么多面孔，就是因为眼睛用心看了。

法国皇帝拿破仑三世，即拿破仑的侄儿曾经得意地对人说，即使他日理万机，仍然能够记得每一个他所认识的人。他的技巧非常简单。如果他没有清楚地听到对方的名字，就说，“抱歉，我没有听清楚。”如果碰到一个不寻常的名字，他就说，“怎么写？”在谈话当中，他会把那个人的名字重复说几次，试着在心中把名字跟那个人的特征、表情和容貌联想在一起。如果对方是个重要的人物，拿破仑三世就要更进一步，一等到他旁边没有人，他就把那个人的名字写在一张纸上，仔细看看，聚精会神地深深记在他心里，然后把那张纸撕掉。这样做，他对那个名字就不只有听觉的印象，还有视觉的印象了。

因此，当你得知一个人的名字时，千万不要一听而过，而应该对应对方的脸孔，记下他的名字，这样有助于在下一次见面时能够顺利叫出他的名字。

多使用他人的名字

记住他人名字的有效办法是多使用他人的名字。重复是记忆的重要手段。每重复一遍你想记东西，记住它的可能性就会增大。

这是一个非常不错的方法。首先，在同新结交的人谈话时尽可能地提起人名。这种重复能帮你更牢固地记住人名，而且会使对方对你产生好感。比如，“你好，王××先生”，“王××先生，您请坐”，“王××先生，我很同意您的看法”等。要是在对话中能重复名字三遍，大概就能把这个名字记住了。

此外，你还必须利用零散的时间不断地“重复”他人的名字。你可以把要记的名字列个单子，在茶余饭后念叨念叨，相信花上一周时间就可记住。

运用特殊记忆法

比如，建立有意义的联想。如一个学员的名字叫“严婉庄”，倒过来念“装婉盐”，这样马上就把这个朋友的名字记住了。

再比如，运用谐音记忆名字。如有一个刚见面的客户叫“李青齐”，你就可以马上记住这个客户的名字：哦，他是“你亲戚”。

还有，顺口溜记忆法。这是同时会见几个人时，记忆名字的一种特殊方法。与一群人见面时，首先粗略地记住四五个名字，花点时间写下来。然后再会见下一批人，再记四五个人，如此反复，直到把所有人的名字都写下来。你可以试着把他们的名字编成一句话牢记在心。比如，你在一次宴会上同时会见50个人，他们的名字有茜斯尔、凯末尔、欧文斯、凯撒尔等。你把这些名字串起来，编成一句顺口溜，就不容易忘记了。虽然并不是总能编成一句话，但你知道了这种方法，记起别人的名字来就不那么困难了。

让名字的本人帮你增强记忆

有时候要记住一个人的名字确实很难，尤其当它不太好念时。这时，你可以直截了当地向名字的本人请教记忆方法。

例如，有一次，尼克与几个人会面，其中一个人名叫克林克斯克尔斯，发音不太容易。尼克就问：“您可不可以重复一下你的名字？”

他又说了一遍，尼克还是听不清楚。于是再问：“您能告诉我如何拼写吗？”他就教尼克如何拼写。之后，尼克又问他：“您这名字可不多见，能否告诉我如何更容易地记住它？”他听尼克问了半天，没有一点不耐烦的样子。相反，他不厌其烦地教尼克如何记得更准。这样一来，尼克又怎么记不住他的名字呢？后来偶然相遇，尼克马上叫出他的名字，他高兴得不得了。

许多人的名字后面都有一个动人的故事。人们总是非常愿意与你谈起自己的名字，因为这比谈论天气有意思得多。如果你觉得有的名字实在太难记，最好问一问它的来历。

把名字“存档”

睡觉之前，你不妨将今天你所遇见的新面孔的名字写下来。如果你有日记簿，日记本或台历，你不妨将这些名字摘记在上面。最好将自己所认识的团体建一个档案，然后将名字分类记在档案上。每次当你要参加任何一个团体的活动之前，就先快速地复习一下他们的名字。这么一来，你当然会渐渐熟悉这个人，进而容易记得他的名字。

其实，多数人不记得别人的名字，主要还是因为不肯花必要的时间和精力去用心记忆。他们为自己造出借口：他们太忙了。但他们应该不会比弗兰克林·罗斯福更忙吧。可他却花时间去记忆，而又说得出每个人的名字，即使是他只见过一次的汽车机械师。

记住他人的名字，不仅仅只是一种起码的礼貌，更是交际场上值得推行的一个妙招，是开发情商的一条黄金原则。当你养成了记住别人名字的习惯，你一定会感受到它带给你的积极意义。

让微笑定义你的面部表情

在这个世界上，除了阳光、空气、水和笑容，我们还需要什么呢？

——苏格拉底

正如一位哲人所说：“它不花什么，但创造了很多成果。它丰富了那些接受的人，而又不会使那些给予的人贫苦。它产生在一刹那之间，但有时给人一种永远的记忆。它在家中创造了快乐，在商界建立了好感，而且是朋友间的口令。它是疲倦者的休息、悲伤者的阳光、沮丧者的最佳良药。但它却无处可买，无处可求，无处可借，无处可偷，因为在你把它给予别人之前，它并没有什么实用的价值。”

它是什么？

它就是微笑。

微笑，可以提高你的人际情商

微笑传达着友好的信息，它可以帮我们扭转气氛，它是融洽关系的桥梁。在无法用语言表达心境的时候，微笑往往是最好的交流手段。微笑能够化干戈为玉帛，使人与人之间的关系更和谐，营造一种快乐的氛围。

有这样一个真实的故事：

在飞往海南的航班上，一位乘客请求空姐倒一杯水给她吃药。这位空姐很有礼貌地说：“太太，为了您的安全，请稍等片刻，等飞机进入平稳飞行后，我会立刻把水给您送过来，好吗？”可是，由于太忙，飞机进入平稳飞行状态之后，空姐却忘了给那位乘客倒水了。

那位乘客只好按响了乘客服务铃来提醒她。空姐小心翼翼地把水送到那位乘客面前，面带微笑地说："太太，实在对不起，由于我的疏忽，延误了您吃药的时间，我感到非常抱歉。""怎么回事，有你这样服务的吗？你自己瞧瞧，都过了多长时间了？"这位乘客指着手表生气地说。空姐虽然心里感到很委屈，但她仍然语气温和地向那位乘客作着解释，不过依然没有得到那位乘客的原谅。

接下来的飞行途中，为了弥补自己的过失，这位空姐每次去客舱给乘客服务时，都会特意走到那位乘客面前，面带微笑地询问她是否需要水，或者别的什么帮助。可那位乘客余怒未消，摆出一副很不合作的样子，并丝毫也不理会空姐。

到达目的地前，那位乘客要求空姐把意见薄给她送过去，很显然，她要投诉这位空姐。这时候，面对乘客的恶劣态度，空姐依然礼貌且面带微笑地说道："太太，请允许我再次向您表示真诚的歉意，无论你提出什么意见，我都将欣然接受您的批评！"这位乘客脸色变得温和了，想说些什么，可是却没有开口，她接过意见薄，开始在本子上写了起来。

不过，这并非是一封投诉信，相反，这是一封热情洋溢的表扬信："在整个过程中，你表现出的真诚的歉意，特别是你的十二次微笑，深深打动了我，使我最终决定将投诉信写成表扬信。你的服务质量很高，下次如果有机会，我还将乘坐你们的这趟航班！"

从这个故事中，你一定也看到了微笑的力量。

对于那些聪明的高情商者来说，微笑就是其生活中的必备品之一。让微笑常伴你的左右，赞美别人时，微笑会帮助你的赞美词更加有分量；恳求别人时，微笑会使对方无法拒绝你；接受别人的帮助时，微笑会帮你表达加倍的谢意；当你无意伤害了对方时，微笑会替你传达善意，减轻对方的痛苦。常把微笑挂在脸上，你就能在交往中传递给别人具有影响力的情绪，久而久之，你的人际情商自然就大大提高了。

微笑，开发你的自励情商

无论你现在从事什么工作，在什么地方，也不论你目前遇到了多么严重的困境，甚至你的人生遭到了前所未有的打击，用你的微笑去面对一切，那么一切都会在你的微笑前低头。

在山里住着一个樵夫，以砍柴为生的他在自己不断的辛苦劳作下，终于建造了一间可以遮风挡雨的房子。

这一天，他像往常一样，挑了砍好的木柴到城里交货。可是，当他黄昏回家时，却发现自己的房子起火了。

虽然左邻右舍也都前来帮忙救火，但是因为傍晚的风势过于强大，所以还是没有办法将火扑灭，一群人只能静待一旁，眼睁睁地看着炽烈的火焰吞噬了整栋木屋。

大火之后，大家都同情的看着樵夫。可是，却见到他手里拿了一根棍子，跑进倒塌的屋里不断地翻找着。邻人以为他正在翻找着藏在屋里的珍贵宝物，所以也都好奇地在一旁注视着他的举动。过了半晌，樵夫终于兴奋地叫道：“我找到了，我找到了！”

大家纷纷向前，一探究竟，却发现樵夫手里捧着的是一把斧头，根本不是什么值钱的宝物。

只见樵夫高兴地将木棍嵌进斧头，充满自信地说：“只要有这把斧头，我就可以再建造一个更坚固耐用的家。”

很多时候，我们需要的就是“只剩一把斧头”的精神，这样，你就不会因为小小的挫折而自暴自弃；将一切留在身后，然后重新开始，你就会拥有比原来更雄厚的自信心，才能经得起失败的考验，一步一步走向成功。

我们忙忙碌碌地生活在这个世上，每一天都承受着巨大的生存压力。我们要维持自身和家庭的生活水准不至于太低；我们要时时提防天灾人祸的发生；我们面对着生老病死的困扰；我们要和形形色色的人打交道……如果我们不懂得调节自己，苦恼、忧愁、烦躁、愤怒、痛苦……这些不良的情绪就会严重地损害我们的身体和精神。就像老话说的“愁一愁，白了头。”而最好的自我调适方法，就是微笑，就是快乐地生活，就是养成乐观生活的好习惯。一旦你学会了阳光灿烂的微笑，你就会发现，你的生活从此就会变得更加轻松，而人们也喜欢享受你那阳光微笑的温暖。

想做一个高情商的人，就必须懂得微笑，具有感染力的微笑是发自内心的、真诚的，但是，如何使自己练就具有感染力的笑容呢？

每天清晨洗完脸，不妨多对着镜子练习。多想一些愉快的事，或令你有成就感的事，并学会把这种感情表现在脸上。然后你就可以带着愉悦的心情，收紧下巴，呼吸一口气，抬头向前，走出家门。在路上碰到朋友的时候，以笑脸相迎，握手时要用力。心情坦荡，不必担心会遭到误解和嘲笑。当你在内心不断重复快乐的信念时，你周围的人或事便会如你期待的那样顺心合意。

但是女性往往都很感性，容易受到情绪的影响，所以能做到这一点的人可谓少之又少。要想经常保持微笑的状态，也是可以通过训练得来的：

1．上扬嘴角10秒钟后，恢复原状，隔3秒再次上扬，如此重复3次。在嘴角上扬时，还可以仰头，保持头颈肌肉的紧张和伸展，有利于颈部皮肤更加紧致和富有弹性。

经过嘴角上扬操的练习，大多数女性都可以在与人接触时，嘴角保持自然上扬状态，显得更加年轻、柔和。不但会笑得更美，而且原本有下垂趋势的面颊肌肉，经过一段时间的练习后，也会比以前更紧实了。让你看上去更自信、开朗，达到美容的效果。

2．对着镜子，咬住一根筷子，露出上排牙齿，你可以用双手按住两颊肌肉，调整嘴角上扬的角度，直到你认为是最好的位置为止。然后把筷子拿掉，这就是你最理想的微笑表情。看着镜子，记住这个表情。

微笑不仅是一门学问，也是一门艺术，我们应该学会并巧妙地运用微笑。这样，我们的气质与魅力就会因此大大加分。当然，真诚的微笑还应该是发自内心的，要口到、眼到、心到、情到，从心里把对方当成自己最诚挚的朋友，这样的笑容才是最美、最打动人心的！

勤学，头脑进步才有情商提升

人们解决世上所有的问题，是用大脑、能力和智慧，而智慧则来源于日常知识的积累。

——爱因斯坦

在这个世界上，车子、房子，甚至我们的容貌，一切事物随着时光的流逝都会不断折旧。但是，我们很多人却忽略了这样一个事实，即我们赖以生存的知识、技能也一样会折旧，如果你不继续学习，你的知识就会僵化，缺乏活力，那么终究有一天会被社会所淘汰。比尔·盖茨说：“你可以离开学校，但你不可以离开学习。”确实如此，学习应当成为我们的日常习惯，成为我们工作和生活的一种方式。

亚伯拉罕·林肯一生中接受正规教育的时间加起来不足一年。但他却从未放弃过学习。

他7岁时开始上学，每星期只去学校2～3天。从那时起，他开始了自己的启蒙教育。没钱买纸笔，他就把燃烧过的木头当成“铅笔”，在粗糙的木板上练习写字母；没钱买书，他就从50里范围内的所有邻居那里寻找和借回很多书来读。而且，林肯抓住一切机会认真阅读。当其他小伙伴在山上玩捉迷藏的时候，他却手捧书本坐在树下阅读；吃完饭后，他又很快拿起书本；在其他人休息时，他也在认真读书。

21岁时，林肯决定外出谋生。但不管做什么，他都始终没有忘记过学习。此后的7年里，林肯干了两份工作，都是允许他可以长时间读书而不受打扰的工作。第一份工作是商场店员，第二份工作是邮递员。他在接待顾客余下的时间里，广泛地阅读哲学、科技、宗教、文学、法律和政治学方面的书籍。1837年，28岁的林肯，虽然连小学一年级都没毕业，却已经是伊利诺依州的职业律师了。

35岁时，他开始参加竞选，几乎输掉了每一次的重大竞选，但他一直努力没有放弃。

51岁时，他当选为美国总统，并成功废除了奴隶制。

这些都与他养成的终生学习的好习惯是分不开的。

林肯用勤奋读书弥补了自身才智的不足，并将其作为一种良好的生活习惯贯穿于他的一生。正因如此，他才把自己从一个贫穷、未受正规教育的社会底层人士，塑造成了美国历史上最伟大的人物之一。

生命如河流，每天不断地自我改造与前进，才是生命力的源泉。要想成为一个高情商的人，必须始终保持学习的热情，在走出校门后继续学习、终身学习。

养成每天读书的习惯

一个人能储蓄才能致富。相同的道理，你愈能求知，则你愈有知识。你能多储一分知识，就足以多丰富你一分的生命。通过这些零星的努力，就会取得细小的进步；日积月累，日后便有大收益，让你的人生更充实、更丰满。

曾经听过这样一个故事：一个喜欢旅行的青年，他经常坐火车、轮船到远方去。每次在舟车中，他总是随身带些读物，如袖珍书本、函授学校中的讲义，他利用别人很容易浪费掉的零星时间读书，积累知识，以求进步。通过这样日积月累，他掌握了更多的知识，包括历史、文学、科学等等。后来，这个年轻人应招一所大学的讲师，他凭着自己丰富与广博的学识被学校录取了。后来他对朋友说，多亏几年的读书。

现实生活中，很多人说自己没时间读书，其实是为自己找借口。因为不论你工作多忙，在工作之余或睡觉前，你完全可以腾出10分钟读书。你可以把时光浪费在闲聊中，在无限空虚的感叹中，为什么不能整理自己的情绪读书？读书使人增加知识，勤奋读书的人，比起那些有天赋但不读书的人更有修养，取得成功的几率更高。如果你有一种孜孜不倦以求进步的精神，你就会超越别人，超越那些天赋比你高却不读书的人。

还有很多人会觉得利用闲暇的时间来读书会牺牲自己的其他时间，或者影响工作。这样的想法也是错的。读书的作用之大，对于人的一生来说太重要了。生活竞争日趋剧烈，生活情形日益复杂，如果你没有学识，你就有可能被这个社会淘汰出局。耶鲁大学的校长海特莱说过：“商业界或产业界中的人，都曾告诉我：他们最需要、最欢迎的大学生，就是那些有选择书本的能力及善用书本的人。

当然，也许你还会这样想，把时间放在读书上，岂不是浪费了做大事的时间？其实不然，这里说的是叫你每天腾出10分钟读书，不是叫你整天读书。10分钟虽少，但可以集腋成裘，日积月累，也能充实你的知识宝库，渐渐地推广你的知识地平线。将一分一秒的闲暇时间，换来种种宝贵的知识。知识可以给予你能力，使你得以上进，这种机会难道你忍心放弃吗？

养成每天读十分钟书的习惯。这样每天十分钟，二十年之后，你的知识水平一定前后判若两人。假使你真有求知之饥渴、努力学习的热望，你总会挤出时间来的。

参与学以致用的活动

古人云：“纸上得来终觉浅，绝知此事要躬行。”读书学习获取知识诚然重要，但实践获真知也是必不可少的。

随着时代的发展，人们打破了往日对知识的理解。人们已认识到：知识与能力并不完全相等，知识并不等于能力。21世纪对能力界限的新要求，迫使人们重新审视自己所学的知识。不管时代怎样发展，你都应头脑保持清醒，必须清晰明了地理解知识与能力的关系。培根在提出“知识就是力量”的口号以后，又明确地指出：“各种学问并不把它们本身的用途教给我们，如何应用这些学问乃是学问以外的、学问以上的一种智慧。”有了知识，并不等于有了与之相应的能力，运用知识与知识之间还有一个转化过程，即学以致用。中国有句谚语：“学了知识不运用，如同耕地不播种。”如果你有很多的知识但却不知如何应用，那么你拥有的知识就只是死的知识。死的知识不能解决实际问题。

因此，你在学习知识时，不但要让自己成为知识的仓库，还要让自己成为知识的熔炉，把所学知识在熔炉里消化，吸收。你应结合所学的知识，参与学以致用的活动，提高自己运用知识和活化知识的能力，使你的学习过程转变为提高能力、增长见识、创造价值的过程。

有这样一个故事：某科技人员经过几年、十几年的科学攻关，终于获得了某项技术突破，等到成功之后，去申报专利，才发现这项成果是人家早已研究出来的。在这个信息爆炸的社会，闭门造车的结果往往是浪费时间，浪费金钱，浪费人力。

可见，每个人不仅应该苦读与爱好、兴趣、职业有关的“有字之书”，同时还应该领悟生活中的“无字之书”。当你把两者的关系调整到黄金位置，使知识与能力能够相得益彰、相互促进时，一定可以发挥出巨大的潜力。

通过阅读“有字之书”，你可以学习前人积累的知识、前人学以致用的经验，并从中加以借鉴，避免走叉道、走弯路；通过读“无字之书”，你可以了解现实，认识世界，并从“创造历史”的人那里学到书本上没有的知识。

纵容等于毁灭，养成自律习惯

佛与凡人的唯一区别就是自律。

——乌金杜古仁波切

“自律”，《辞海》中解释为自我约束力。也就是说，自律有高度的自觉性，是人对各种规章制度的自觉认知，是在没有外在监督下的一种自觉主动行为。这是高情商者的一个关键品质，一个缺乏自律精神的人，将很容易受控于情绪，并无法有效抵制各种诱惑，从而迷失方向和目标。

父亲带着6岁的儿子去牧师家做客。吃早餐时，儿子把牛奶弄洒了一点。照父亲定的规矩，洒了牛奶是要受罚的，只能吃面包。因此，虽然儿子很喜欢喝牛奶，即使主人还特地为他准备了精美的小点心。但是最后，儿子面对主人端上来的第二杯牛奶，红着脸摇了摇头，没有接过来，他说：“我洒了牛奶，就不能喝了。”

虽然牧师热情地再三劝他喝牛奶，可儿子还是不肯喝。后来，牧师看见了坐在餐桌上正在吃早餐的父亲，以为是儿子害怕父亲说他才不敢吃，于是就找了一个借口让父亲离开了餐厅。接着，主人又拿出更多好吃的点心对小男孩说：“吃吧，你爸爸现在不在这里，他不会知道的。”但小男孩还是不吃，并一再说：“就算爸爸不知道，可是上帝知道，我不能为了一杯牛奶而撒谎。”

牧师觉得十分震惊，他把父亲叫进客厅说了这事。父亲解释说：

“不，他并不是因为怕我才不喝的，而是因为从心里认识到这是约束自己的纪律，所以才不喝。”

人生中最大的敌人就是自己，如果你能战胜自己的话，那么就没有什么东西战胜不了的了。那些能取得成功的高情商人士，就因为他们永远不会纵容自己，他们总是严格要求自己，永远地自律。所以，在社会中他们永远是胜利者。

但现实生活中，更多的人是在有意无意地放纵自己，有的人对生活采取玩世不恭的态度，表现得对一切都无所谓，认为这样很“潇洒”；有的人不思进取、得过且过；有的人对自己采取放任自流的态度，对自己的情绪、行为丝毫不加约束。这些人最终的结局就是毁了自己的一生。

不过，自律的习惯，也不是与生俱来的，而是一点一滴养成的。只要你改变纵容自己的毛病，对自己严格一点儿，时间长了，自律便成为一种习惯，一种生活方式，你的人格和情绪也因此变得更完美。

对于怠惰——行为规律化

从本质上讲，自律就是你被迫行动前，有勇气自动去做你必须做的事情。自律往往和你不愿做或懒于去做但却不得不做的事情相联系。

有人是天生怠惰，谈了也是白谈。有人则是属于特定条件下的怠惰，例如长久工作后休息所引起的反弹式怠惰。若纵容这种怠惰的情况存在，甚至沉溺于怠惰，则危机必伴之而生，除了本身的退化之外，也给外敌可乘之机。

富兰克林在《我的自传》说，他之所以能够取得如此骄人的成就，主要获益于“做事有定时，置物有定位”的良好习惯。我们应当像富兰克林那样，学会控制自己的行为。比如，刷牙洗脸是每天必须要做的事情，但是有一天你回到家筋疲力尽，如果你倒床就睡，是在放纵自己的行为；如果你克服身体上的疲惫，坚持进行洗漱，这是你自律的表现。

对于安逸——挑战自我

人都是好逸恶劳的，但安逸和危机是双胞胎，如果耽于安逸而不做危机思考，或贪图安逸而逃避问题，则麻烦必至。“生于忧患，死于安乐。”古人之言，今人仍不可不信！

为坚定你的信念和决心，选择一项超出自我想象的任务，全身心投入其中并完成它。为此，要求你思维敏锐，行动规律化。坚持下去，你会发现自己能做到的远远超出自己原先预期的。

对于弱点——“反增法”来帮你

人都有弱点，有些弱点是先天的，无法矫正，但性格上的弱点却可以用人力去矫正或戒除。例如贪玩、好赌等这些致命性的弱点，你如果不愿坦诚面对，尽力节制，而纵容自己在里面寻求满足，那么将予人以可乘之机，为自己带来灭亡。

我们这里提到的“反增法”，跟冥想很相像。要求很简单：慢慢满足自己找寻更进一步的好习惯，你把以上说法反过来用即可。例如，下次在工作中又想玩游戏的时候，多坚持五分钟，而不是像往常那样投入游戏的怀抱。如果这个能做到，那下次就努力坚持六分钟。每次一要分心的时候就这样做。这样一来，你就会不断增加自己的优秀品质而非坏习惯，会增强自律意识。很快，“再坚持五分钟”不再困难，你已经步入养成持久自律的轨道。

对于欲望——动机至关重要

满足欲望是人性，但不论有无满足欲望的条件，纵容自己的欲望绝不是件好事，因为这将使你失去清醒，模糊你追求的目标，于是险诈至矣。

按照佛教惯例，僧人和瑜伽学徒可以达到很高的自律程度，因为他们需要遵循修心论。可以将其大致译为“心智启迪”，通过它促使每一个想法、字词和行动来帮助其他生灵。这样的想法可以帮助你渡过许多难关。这对于我们的启示就是：你若想要培养自律意识，动机至关重要。

看看巴莱克·奥巴马式的人物：接连数月致力于总统竞选，你会发现动机十分重要。若没有好的动机，恐怕奥巴马议员到如今早已失败或放弃。这对于任何一个长期致力于某一项工作的人来说都是如此。一旦你也找到类似的动机，就要细心呵护它。你若想为他人的利益而奋斗，就要时刻提醒自己。当前行的路变得艰难时，就想一想你在为何而战。这么做可以让你坚定决心，继续投入与工作中。

对于情绪——转移注意力

放纵喜怒哀乐的情绪，除了会影响别人的情绪之外，也会改变别人对你的态度。尤其是“怒”的情绪，这是一把利剑，很容易伤人。

受到不好的刺激时，可以先转移注意力。如俄国著名作家屠格涅夫认为人在将要吵架时，可以把舌头在嘴里转上10个圈，以此提醒自己。也可以把当前的事情暂时搁下，做点自己喜欢的事情，如运动、唱歌、翻书等等。但是具体时间还是要给自己一个限定。给自己的放纵保留一个底线。或者，把困惑和感受写下来。写东西的过程，就是一个促进自己思考的过程，可以帮助自己走出片面的情绪，走向理性的对待问题；和朋友倾诉也有类似的效果，把将要引发冲动的情绪宣泄和释放出来，保持情绪稳定，可以避免冲动。

这个世界上，没有人要把你变成什么样，只有自己要把自己变成什么样。完善人格修养，以自律为前提地把握好自控能力，你就会成为一个人格高尚、值得他人信任的高情商的人了。

注重细节，是一个好习惯

我们的成功表明，我们的竞争者就是因为他们缺乏对细节的深层关注。

——弗雷德·特纳

很多人之所以获得成功，主要得益于他（她）不放过任何一件小事，不小看任何一件小事，并且认真地做好每一件小事。这也是高情商者共有的特质。

细节决定成败，这一点很重要。许多人认为小事无足轻重，不足以影响大事，更不足以成就大事。事实上，任何一件事情要想做得完美，其中都以一些小事作为基础，而任何一个问题的解决，也都有一件决定性的小事起着举足轻重的作用。

很久以前，有一艘商船经常在大海上往来。一天，满载货物的船正要解开缆绳准备扬帆启航时，一位水手突然发现船上有一只小老鼠，它正在堆积的货物中窜来窜去。

水手赶紧把这一情况报告给了船长，他建议船长推迟开船时间，卸下货物，抓住那只小老鼠后再考虑重新启锚。船长哈哈大笑说："年轻人，你真是个胆小鬼，怎么害怕一只小小的老鼠呢？""哦，船长先生，我不是怕老鼠，而是担心这只小老鼠咬坏了我们的船，那样的后果……"可还没等水手的话说完，船长便恼怒地打断道："什么？一只小小的老鼠能咬穿我的船底，《天方夜谭》上也没有这样的故事啊！"

不管水手怎么请求，船长都坚定地说："你也不想一想，为了抓一只小小的老鼠，要先卸掉所有的货物，这样既费时又费力。我是不会让一只小老鼠这样的小事影响我的航程的。"说完便一挥手，下令启锚，扬帆启航了。

这艘商船就这样在风平浪静的大海上航行了两个多月。可突然有一天，海上起了巨大的风浪，几丈高的浪头不停地拍打着船只。一直为船上有一只小老鼠而忧心忡忡的那位船员见状，便把一个救生圈绑在了自己的身上，而且建议其他船员也这么做。

船长见状，大怒，以"动摇军心"的罪名，命令其他水手把这位水手绑到桅杆上。

就在众人准备动手时，一位水手突然跌跌撞撞地跑来向船长报告，他发现船舱里已积满了水，船身已开始下沉。原来，躲在货物中间的那只小老鼠，早已把船底咬穿了一个小洞，此时海水正从洞口汹涌而入……不过，现在说什么都已经晚了。大船在一个巨大浪头的冲击下，迅速下沉了。而那位早已在身上绑好救生圈的水手，成了这次事故中唯一的幸存者。

船长根本不把那只小小的老鼠放在眼里，结果就落得个船毁人亡的下场，而那位水手因重视了这件小事，才得以生还。现实生活中，虽然并不是所有的小事都能决定成败，但只有重视每一件小事，才能为做好大事打下坚实的基础。正如著名的“铁娘子”、英国前首相撒切尔夫人在谈及习惯与生活细节时曾经说过的话：“有时事情太忙，我也感到吃不消，但生活的秘诀在于把90%的生活细节变成习惯，这样你就可以习惯成自然了。”

爱情细节

爱情中，真正维系关系的不是那些花费昂贵的约会和礼物，而是一些小细节。

方瑜的初恋就埋葬于对方的一个小细节上。她经常对好友讲起这段往事：那天晚上，她从男友家里出来，男友说：“我送送你吧!”她推辞说不用了。男孩就没有再送。在她走下第三级楼梯时，她听到防盗门“咣”一声关上了，她的心倏地一片冰凉。后来任凭男孩再怎么努力，她都义无反顾地离开了男孩。

可见，爱情本身就是一种细节，所以，我们要注意并做好爱的每一个细节，让所爱的人在细节中体会我们的真情，从而打造幸福的生活。下面列举出在感情中需要注意的细节：

记得重要的日子：恋人不能记住重要的日子是很多人的一大烦恼。你必须要记住重要的日子，才能不让对方失望。把这些日子存在手机的日历里，或者在办公桌上贴上便签，千万别忘了重要的日子！

一个早安或晚安的短信：如果发一个窝心“早安”的短信给恋人，他（她）的一天都会过的很开心。用一个可爱的短信叫醒恋人，让他（她）有个美好的一天是一件无比幸福的事情。如果你错过了早晨发短信的机会，别担心，发个“晚安”给他（她），他（她）也会面带笑意的睡觉，绝对会梦到你。

当然，爱情中的细节数不胜数，拂一下她的长发，整整他的衣领，都可以让爱情蔓延在每日生活的细节之中。

社交细节

社交场合中那些广受欢迎的人往往都是注意细节的人。细节中往往渗透了人心的微妙之处，留意一些不被人注意的小事，常常会给你带来很多的益处。相反，如果在言行举止上的细节失分，往往也会因小失大。

贾军在北京一个软件公司做推销员，因此，常常与中关村一家电脑公司有业务往来。贾军这个人，其他方面都比较好，可就是有一个开关门不太礼貌的毛病。

一天，由于业务原因，他多次进出此公司，他的这个毛病终于引起了对方忍无可忍的批评：“你小子，怎么办事呀？有意见提嘛!你怎么开关门那么用力，我怎么说你才能记住呢？难道非骂你一次才行吗？小贾，以后一定要注意!”

贾军自认为自己公司与对方关系非常好，也自认为与对方公司的职员关系不一般，因而注意不够，忽略了开门关门这类看似简单却十分重要的礼仪，结果给人留下了一种不讲礼貌、粗暴的印象，以至于得到了对方直言不讳的批评。极尽礼仪，取悦对方，自古皆然。所以，即使对方是自己的老主顾或比较熟悉的受访公司，也要多加注意。因为往往就是自己与对方比较熟悉，才常常忽视了这些问题，从而约束自己不够，放松了对自己的要求，从而易造成与上述例子类似的情况。而懂得了细节就会让你在人际交往中获得更多的尊重，处于不败之地。

下面是一些建议，你要用心注意：

做客时要吃掉主人给你的东西：去朋友家做客，在咖啡店里碰上别的朋友，他们热情地招呼你入座，然后请你吃东西。这时候最好别不好意思，不妨大大方方接过来吃，他们若是真心的，你接过来就表示你接纳了他们的热情，他们会自然地感到你的亲切与随和。

不要让你的客人孤独的出门：送朋友下楼不仅是出于礼貌，它体现的还是一种情感的交流。如果有朋友到你家做客，就送朋友下楼。虽然朋友口中再三说不用相送，但是如果你陪他一起下楼，这一小小的细节会温暖他回家时漫长的道路，你从此也在他心里有很高的地位，甚至胜过其他的朋友。但是，热情也不可过度，如果客人是一对正处于热恋中的朋友，而他们也再三不要你相送，你只需在看不见他们的身影时轻轻关上门就行了。

情感在留言条中升华：小小一张留言条，却往往流露出人们内心深处的最深情感，它召唤出了人们内心渴望的声音。现代人忙碌的身影背后是最真切的渴求。所以，不要吝啬你的笔，它会让你感到乐趣无穷。

理解万岁：在细节处关心他人，尽量去理解你失意的朋友吧，如果你尽了力却还是不能让对方开心，那就陪他一起骂“可恶的人或事”，至少他会觉得有人和他有同感。有可能的是你还没骂够他就反过来劝你了。现在的人们需要的不是物质上的高度满足，而是一种精神上的慰藉，他们需要的只是一份理解的心意。看似无关紧要的小细节中往往包含着无限的温情。当温情成为现代人最真切的渴求后，让我们从这些小细节中做起吧。

当你习惯了察言观色

关于成功的商业交往，没有什么诀窍——把注意力集中到讲话的人身上。没有别的东西会如此使人开心。

——朗达·艾布拉姆斯

我们每天都要和各种各样的人打交道，总会有意无意地想揣摩对方的心思，了解对方的为人，这首先是出于本能的好奇，其次是为了自我保护，同时也是为了更好地处理和利用彼此的关系。

曾听过这样一个故事，说是一个县令新官上任，第一次去拜见上司，想不出该说什么话。

他突然问道："大人尊姓？"这位上司很吃惊地勉强回答了他的问题。他低头想了很久，又道："大人的姓，在百家姓中是没有的。"上司更加惊异，说："我是旗人，在百家姓中是没有的。"

县令又站起来，问："大人是哪一旗？"上司回答："正红旗。"县令又说："正黄旗最好，大人怎么不在正黄旗呢？"

上司勃然大怒，问："贵县是哪一省的人？"县令说："广西。"上司说："广东最好，你为什么不在广东？"

县令吃了一惊，这才发现上司满脸怒气，赶快退避三舍。第二天，上司令他回去，任学校教职。究其原因，便是不会察言观色。

人的一生，总是有许多人际关系和事业上的不如意，这些不如意需要你察言观色，以智慧和耐心去解决，而不是靠你的喜恶和脾气。当别人烦躁的时候，却凑上去嘀嘀咕咕；或是人家正兴高采烈时，却不小心浇他一头冷水，都是太不知趣了。所以，看人脸色过日子没什么不对，反而那些从来不去管别人感受的人，才需要好好反省一下。

从别人的举手投足之间解读其心意，可以相机行事；从别人的小习惯、小细节识别其才干和为人，可以为我所用；从眼神和话语中判断出隐含的动机，可以绕过人生路上的陷阱。总之，当你习惯了察言观色，你终会成为一个识人用人的情商高手。

察言

一般来说，一个人的感情或意见大多会通过说话方式表现出来，其内心深处的思想也会不知不觉地在口头上流露出来。因此，在跟别人交谈时，如果我们能够多加留心，就有机会从谈话中探知对方的内心世界。

说话方式：一个人说话的快慢、多少取决于他（她）的气质或性格，如果某一时刻，他（她）的说话方式突然异于平日，我们就应该多加观察了，以探知他们的心理秘密。一般说来，假如某人对他人心怀不满，或者持有敌意，他们的说话速度就会变得很迟缓，而且给人木讷的感觉；假如某人有愧于心，或者刻意欺瞒，其说话的速度则会不经意加快，这是人之常情。一位评论家就曾说过："假如男人带着浮躁的心理回家，大多都会在妻子面前滔滔不绝地说个不停。"

说话音调：在与人交谈时，如果一个人心怀浮躁，他的音调就会突然高扬起来；当双方意见相左时，如果一个人提高说话的音调，则表明他想压倒对方。日本作曲家神津善行氏就曾说过："反驳对方的意见时，一般人都会用激扬的音调表现出来，这是最简单的方法，表示他想压倒对方。"而那些心怀企图的人，他们说话时往往会有意地抑扬顿挫，营造一种与众不同的感觉，以吸引别人的注意力，满足自我显示欲。

说话节奏：有的人始终有说不完的话题，就算想要告一段落，也需要花相当长的时间。其实，在说话者的内心里，通常潜伏着一种唯恐话题即将说完的恐惧与不安，所以他才展现出想要说个没完的高压态度或欲望；相反，有的人却想尽早道出最后结论来，这说明他很怕被人提出反驳意见，这类人似乎有一种错觉，以为不快点提出结论的话情况会更糟。有些人喜欢以某种暧昧不明的语气结束讲话，事实上，在一般的语言构造中，句尾都应该道出结论来，如果带有含糊不清的意思，很容易给人不明所以、莫名其妙的感觉。凡是喜欢采用这种说话方式的人，大多是有意逃避自己的言论责任。此外，有的人喜欢说“这只是我个人的想法罢了”，或者说“真是一言难尽”，其实，他们跟上述的人怀有同样的心理。那些情绪不稳定的神经质的人，也喜欢套用这一类的限定句子。

措辞习惯：习惯使用第一人称单数的人，其独立性和自主性通常比较强；而喜欢用复数的人，则多为缺乏个性、被集体埋没、随声附和型的人。人们总觉得在用自己的话说话、写文章，其实都在无意中用了别人的话，只要反过来探寻这一点，就可以窥见到其人的内心深处。如使用难懂的词和时而夹杂一些外语的人多半令人感到困惑，实际上，这类人不过是想掩饰自己内心的弱点罢了。

观色

若要知悉他人的情绪，除了要懂得“察言”，更要学会“观色”。“观色”，即指通过观察别人的脸色来获悉对方的情绪。因为人们内心的情感活动，经过语言、行为等的掩饰，会在表情的变化中不由自主地显露出来。倘若遇到高兴的事情，脸颊的肌肉会松弛，一旦遇到悲哀的状况，也会泪流满面。可以毫不夸张地说，表情是情绪最好的报幕员。

不过，在这里我要告诉你的是表情“假面具”中的乾坤。因为有很多人不愿意展示自己的内心活动，单从表面上看，就会让人判断失误。因此，我们必须要在探究表情的基础上进一步探究对方的内在情绪。

一是没表情。生活中，你是否注意到身边的某些人，不管别人对他说了什么，做了什么，他都是一副毫无表情的面孔。其实我们要知道，没表情不等于没感情，因为内在的感情活动倘若不完全呈现在脸部的肌肉上，会显得很不自然，越是没有表情的时候，就越可能是他内心感情极为强烈的时候。

例如，有些职员不满上司的言行，但又敢怒不敢言，只好故意装出一副无表情的样子，显得毫不在乎。而实际上，他内心仍然强烈不满，如果你这时仔细观察他的面孔，就会发现他的脸色不对劲。内心强烈的不满情绪使得他瞪大眼睛，皱鼻子，或面部表情不自然。如果看到对方显露出这些细微变化，则说明对方的深层意识正陷入激烈的情绪冲突中。一个善于探究面部情绪的人，在对待这类职员时，直接指责他或者当场给他难看是最不好的选择，而要这样说："如果你有什么不满，不妨说出来听听！"这样下属的不满情绪才能得到安抚。如果上级能从这种死板的面孔或抽筋的表情中得知下属的情绪，并且开诚布公地与下属交换意见，进行沟通便可以积极改善与下属的不良关系，树立自己的良好形象。

毫无表情还可以理解的一种情况，就是代表着一种爱意或者好感。尤其是女性，倘若太露骨地表现自己的爱慕或者好感不是很妥帖，所以呈现在外的就是一种毫不在乎的冷漠表情——与真实的心理正好相反。

二是反表情。指的是一种内在的情绪和外在的表情完全错位的情况，所谓"怒极反笑"即是这个意思。人们之所以要这样做，是觉得如果将自己内心的欲望或想法毫无保留地表现出来，会违反社会的规则，甚至会引起众叛亲离，或者成为大众指责的对象，甚至受到社会的制裁，不得已而为之。

例如，一对夫妻，在结婚初期的感情非常好，但随着生活的日趋平淡，新婚的新鲜感也冷却了，常常为一些油盐酱醋之类的琐事吵架。起初，两人一有不满便各不相让，但吵过之后不久就会和好如初。可是，随着吵架次数的日益增加，两人谁也不愿意理睬对方，彼此都非常冷漠。但因为还要面对家人和朋友，也不想让别人看出来，他们逐渐达成了默契，在有外人的时候，彼此照样显得很恩爱，而一旦只有两人独处时，就互不理睬。但是慢慢的他们也开始说话了，但这并不是尽弃前嫌，只是一些不得不说的话而已。并且，随着彼此之间的不调和发展到极端时，不快乐的表情逐渐消失，脸上也渐渐现出微笑，态度也日趋卑屈而亲切。

由此可见，"脸色"与人的真实情绪会产生很大的误差。满天乌云之后不见得就会下雨，笑脸迎人未必就是高兴。很多时候，人们将苦水往肚子里咽，脸上却是一副甜甜的样子；反之，脸拉得长长的人，说不定心里正在笑呢。

随着我们的情绪管理能力的提升，我们对他人的了解也会变得更加准确、可靠。我们学会信任自己的感觉和看法，对他人的态度也会更开放。这种转变是由不断明确地感知、收集回应并修正误解产生的。

第十章 榜样修炼
——跟着名人学情商

“以人为镜，可以明得失”，一个人、一个故事、一段话语，看似平凡简单，却能点燃许多人心中的激情与梦想。这就是榜样的力量。犹如春雨一般“随风潜入夜，润物细无声”，它能飘进人的心里，净化人的心灵，你也会在追赶他们的过程中自然地提高自己的情商。

EQ

下篇 情商的开发：高情商是这样炼成的

龚琳娜：我用灵魂在唱歌

我清楚，冲破固有的“唱”的观念，冲破大众的“美”的意识，是我要创新发展的第一步，对我最难的是解放自己固有的习惯，需要勇气和方向。

——龚琳娜

一个人只有及时察觉和准确理解自己的情绪，即是具备“情感自察”的情商能力，才会有明智之举，才可能达到“知人者明，自知者智”的境界。

在这方面，龚琳娜是一个很好的榜样。

凭借神曲《忐忑》迅速走红的龚琳娜，并非横空出世，而是有着招人嫉妒的人生履历：5岁登台演唱，7岁国内巡演，12岁出访法国。16岁考入中国音乐学院附中，师从邹文琴教授学习民族声乐。1999年以文化部授予“民歌状元”称号的身份从中国音乐学院毕业，2000年凭借《斑竹泪》夺得第九届全国青年歌手大奖赛的银奖，开启了歌唱之路，忙碌地穿梭在形形色色的舞台上。

这样光鲜的经历，足以羡煞旁人。但龚琳娜本人却并不快乐，她觉得自己的梦想还没有实现，因为很多时候她唱的那些歌不是她想要唱的，只是别人规定的，而且还经常有录音、对口型的情况。她现在常讲这样一个故事：“有一次演出，前一天才拿到歌曲现学，唱的什么我早忘了，然后就进棚录音。那时候我演唱的歌都是晚会规定好的，都不是我想唱的，所以经常不知道自己在唱什么。那次也是，我一上台就什么都忘了。但是也没有关系，反正是假唱。我就把麦克风拿得离嘴很近，让大家看不见我的嘴，然后我只需要跟着音乐摆出漂亮的姿势就可以了。但是，我不经意间往台下瞄了一眼，看到的是观众那种仰望明星的崇拜的眼神，我立刻觉得这眼神中射出了锋利的箭，从四面八方向我射过来。感觉自己行尸走肉一般，对不起我的观众，对不住那真诚渴望的眼光，我希望立即消逝在舞台上。”一段时间里，龚琳娜郁郁寡欢，茫然不知所措。不过，这场演出却也让她坚定了一个信念——“坚决不假唱。”

对一种现状不满意并不意味着就找到了出路。龚琳娜除了坚持不假唱外，一直找不到自己声音的特点，找不到属于自己的艺术之路。正如她在自己的博客中写道：“歌手参加比赛，总要选择难度大的能够显示一种嗓音技巧的作品，渐渐的忽略作品鲜活的生命力和艺术内涵。挖空了心思：作品空了，嗓音空了，名利空了。声音假了，笑容假了，前途假了。裙子大了，粉底浓了，外面包上厚厚的壳了。音乐没了，情感没了，像一条流逝的河水上漂浮着花瓣。”

于是她怀着艺术创新的梦想，悄然离开了这个名利纷争的环境。她放弃了固定的工作，飞到德国巴伐利亚的森林里、阿尔卑斯山脉上去唱歌。光脚踩在土地上，重新获得了自然的力量。当然，也在这段时间里邂逅了唤醒她灵魂的爱人——老锣。他们第一次单独约会，是老锣约她一起“玩”音乐，在一间不大的屋子里，只有他们俩人和一把巴伐利亚筝。正统学院派出身的龚琳娜，一开始不懂怎么“玩”音乐，只好拘束地随着老锣的琴声轻轻哼。慢慢的，老锣的琴声把龚琳娜越带越远，让她抛开了顾虑，释放出自己所有的情绪：流泪、大笑、跳舞、尖叫。整整三个小时，龚琳娜在老锣的音乐里净心洗肺，通畅了经脉。那一次，她意识到，原来有灵魂的歌，是为自己唱的，不是表演给别人看的。即便是唱痛苦的歌，也是心灵的表达……”从那以后，龚琳娜开始和老锣合作“玩”音乐，一起寻找新的音乐艺术之路。

龚琳娜喜欢民族音乐，也一直在寻找自己文化的“根”在哪里。她羡慕农村的孩子，从小接触土地，感受自然，了解大自然规律。龚琳娜在德国的时候，选择住在了森林高山的附近，每当从光亮的舞台上回到森林散步，就感到自己像一棵树，变成了自然中的一部分。她心很踏实，不局促，反而常常是在人群里，会感到拘束。

2003年，龚琳娜到贵州苗族地区采风，夜晚与姑娘小伙唱夜歌、早上与喂猪的妇人上山唱歌、下午与放学的孩子们戏歌、晚饭与老人们饮酒高歌。过得有滋有味，唱歌就是生活，不是给别人表演。2008年，龚琳娜独自坐上了去陕北的公共汽车，踏到黄土地上。那里不是她的故乡，可她的心沉于这快土地，眼泪止不住往下流。

龚琳娜一路寻根，越来越感觉到双足着地，非常踏实的走路。她开始着迷于向各种传统的演唱方法学习，阅读所有关于中国文化、艺术、思想的书籍。突然感悟语言的魅力，音程、音韵、音高的妙用，她的嗓音开始被想象力支配，我所想就会所唱，没有障碍地出现我希望发出的声音。她没有整天呆在房间里练声，没有再去拜访一位名师上课；只在生活中、在行动中一次一次地感受，用心灵滋润了嗓音。她说："我演唱的动力完全是生活给予的。我的根是在生活中建立，在艺术中体现，我心中的门一扇扇地被打开，我的艺术世界长出了枝叶！"

2010年，龚琳娜终于等来了"神曲"——《忐忑》，这首歌一问世便风靡大江南北。龚琳娜不仅走红，而且台上台下的精神状态都与从前判若两人。

她曾用一首诗描述找回自己之后的快乐心情：

我们共同努力在音乐的舞台上
自由快乐的伸展……
天空开阔了
我终于可以无拘地唱——
在森林里
在高山上
在人们愿意听到的舞台上

我真的快乐
踏实地走在路上
我不恐慌
只要钻进音乐的世界
我感觉到升华的力量

J. K. 罗琳：困境触底后的自我重建

我生命中的困境触底，也正是我重建生活的坚实基础。

——J. K. 罗琳

很多时候，成功，并非因为智力超群，而是他（她）的情商足够高。在逆境中，人的情绪往往容易陷入长期的消沉之中，而情商高的人却能迅速走出失败的阴影，自己拯救自己。

在这方面，我们的榜样是哈利·波特的“母亲”——J. K. 罗琳。

随着《哈利·波特》系列的热卖，J. K. 罗琳（Joanne Rowling）的大名早已妇孺皆知。而她也成了世界上最富有的女性之一，其身价据说已经超过了英国女王。可谁曾想到，在上世纪90年代时罗琳还是个靠失业救济金过活的单亲妈妈。罗琳曾说，“我的日子就是永远都很难找到时间写作，以前我是单亲妈妈，白天要打工，晚上则要独自一人带小孩。”

这是一个灰姑娘般的童话。但从灵感突现到一朝成名，罗琳其实经历了整整7年的破茧化蝶过程。让我们来看看这7年时间里都发生了什么。

1990年6月，罗琳在搭火车前往伦敦的路上，脑海中突然冒出哈利波特的形象：一个11岁的小男孩，一副圆眼镜后面是一双绿色的眼睛，头上顶着凌乱的黑发。那天晚上，罗琳开始在一个小本子上写起来。可遗憾的是，同年年底，重病缠身的母亲去世了，不久后，她的公寓又遭抢劫，母亲留给她的所有纪念品都被一扫而空，年仅25岁的罗琳深受打击。更加雪上加霜的是，她与男友的感情也走到了尽头。如果这时，罗琳自闭在丧母和失恋之痛中，便没有了《哈利·波特》。好在，罗琳的选择是离开英国，带着已开头的《哈利·波特》手稿去了葡萄牙，当起了英语老师。在授课之余，她又开始在咖啡馆里写作，再到学校中把稿子打出来。

1992年，罗琳成为阿兰蒂斯太太，并在1993年8月生下女儿杰西卡。可遗憾的是，她的婚姻生活并不幸福——阿兰蒂斯是个虐待狂。1993年11月，夫妻俩在爆发最激烈的一次争吵后，罗琳愤然离开了他们在波尔图的家。她带着女儿返回英国后，成了一个失业的单身母亲，不得不寄居在妹妹的小公寓里。如果这时，看不到未来和希望的罗琳自暴自弃，也不会有《哈利·波特》。好在，罗琳找到心理咨询师，接受了认知行为疗法，并从那段艰难的时光中走了出来，并且想出了一个让自己脱离困境的计划：找一份执教工作。政府的救济资助使她和女儿有了一个容身之处，尽管领取政府救济的过程让她感到羞辱。

1994年夏天，罗琳的妹夫买下了一家咖啡馆，她重新开始在咖啡馆写作，只是这时多了一个女儿。她常常只买很少的食物或饮料，把女儿哄睡在婴儿车里后，就在一个安静的角落写作。但同时，罗琳还在一边为了取得教师资格而学习、实习，一边寻找工作。1995年，《哈利·波特与魔法石》的手稿完成，却没有钱复印，罗琳不得不在完成作业的间隙用打字机把手稿打了两份。但在随后的投稿过程中，罗琳共遭到12家出版社的退稿。如果这时，罗琳因受挫而自我怀疑，而将书稿付之一炬，也便没有了《哈利·波特》。好在，罗琳没有放弃，终于，在1996年，《哈利·波特与魔法石》被布鲁姆斯伯里出版社慧眼识珠，买断了首版出版权，罗琳从中获利1910美元。

1997年6月，在罗琳完成手稿两年后，《哈利·波特与魔法石》才出版问世，虽然首印只有500册，但能看到自己的书出版罗琳就已经很高兴了。两周内，罗琳又把已完成的第二本《哈利·波特与密室》交给了出版社。

罗琳的成功带着很大的传奇色彩，昨天还是灰头土脸的单亲母亲，今天摇身一变成为畅销书女王。看起来似乎有很大的偶然性，可是细细想来，这个偶然有着必然性在里面，因为她的情商足够高。否则，即便她有着惊人的想象力，如果不是她管理好了情绪，用积极的作为应对数次的不如意，《哈利·波特》也可能早就流产了。

在此引用她受邀在哈佛大学的毕业典礼上致辞时说的一句话："我生命中的困境触底，也正是我重建生活的坚实基础。"能把困境变为重建的基础，正是情商的体现。挫折是人生必含的内容，一旦遭遇，它也的确有可能提供一种机会。艰难的单身妈妈的生活经历，不仅没有让罗琳丧失斗志，反而激发了她的创作欲望，不要因为现状而哭泣，要勇敢地生活下去。小说中的哈利·波特童年的苦难也造就了他后来的坚强，这也是罗琳要告诉读者的——正视失败并不意味着消极地承受，相反，它意味着转败为胜的可能。

布什：你可以不帅，但一定要微笑

你能调动情绪，就能调动一切。

——布什

对那些资质一般的人来说，布什是一个很好的榜样，因为他靠较高的情商弥补了智商的不足。也就是说，如果你没有很高的智力脱颖而出的话，那就一定要在亲和力及维护关系方面下功夫，至少能让一些比你聪明的人与你结伴同行。

布什的亲和力曾经是令许多媒体津津乐道的。尽管媒体时常会报道一些布什的笨拙表现，他的一些口误甚至都成了国际笑话，但有些出人意料的是，布什的不拘小节和偶尔的笨拙却拉近了他与民众的距离，人们感到这是一个真实的人，有高人一筹之处，也有普通人的一面。例如，《纽约时报》（10月21日）专栏作者大卫·布鲁克斯（David Brooks）就曾说，他在报导2000年总统大选时，发现很多人其实更倾向于民主党的政策，但是他们不信任戈尔（Al Gore）。这些选民觉得戈尔待人冷淡，似乎看不起他们；而布什像个可以勾肩搭背的老伙计，理发店里遇上了，也会跟他们聊聊天。布什很得人心的一招，是在依阿华州党内初选辩论中（1999年12月13日），当有观众问，“谁是你最愿接近的政治哲学家”时，他悍然答道：耶稣基督。当时，美国报纸专栏作家对此痛加嘲讽，劝布什退出选举，先回学校修修基础课；但老百姓哪里记得柏拉图、洛克等正牌政治哲学家到底说过些什么，他们觉得还是布什有亲和力。而这正是智力平庸的他能赢得州长和总统竞选的关键所在。

其实，布什很早就表现出对人际关系的重视和才能。当他还在学校期间，就很注意人际关系的维护了。与其他同学不同的是，布什从不努力在学校里争夺荣誉，而是通过伶牙俐齿和善于赞美别人脱颖而出。高中时，他成了“孩子头”，举办学校的周末集会，建立少年棒球联盟并自任主席。而他的快乐达观和爱开玩笑的名声，也让他深受瞩目。在耶鲁大学，他留给同学们最深的印象既不是他的头脑，也不是他的精力，而是他广泛的人脉与亲和力。为了结识更多的人，他甚至会熬夜背诵学生登记表，而且会在最短的时间里在一切可能的场所（球场、走廊、教室甚至浴室）与大家认识，主动而诚恳。对几乎所有社会组织和社会活动，布什都有着特别的敏感，无论是耶鲁的“骷髅会”，还是棒球俱乐部，都深深地吸引着他，他在其中如鱼得水，并且为日后的政治活动打下了良好基础。

在从政生涯中，布什也是始终有着不错的亲民口碑：在他当州长时，他常常会在发表完毕业典礼致辞后站上一个小时，与每个毕业生握手；在社区招待会上，他会与前来看他的上百人一一交谈；每当穿过宾馆的厨房，穿过大楼的后门，他总会停下来与厨师、门卫和电梯工交谈；在发生可怕的洪水、飓风、大火、恐怖袭击之后，他会前去拥抱那些受灾的人们，安慰他们，给他们带来安全感。他总是面带着微笑，不停地与大家握手，久而久之便与民众建立起亲密的联系，而见过他的人大都相信他的情感是发自肺腑的。

尤其是在“9·11事件”期间，布什的一些特质充分地得到展现，并成为赢得民众支持的关键。在“9·11事件”之后，布什仍然是每天晚上9∶30到10∶00之间上床，早上5∶30起床，保持7个半小时的睡眠；仍然悠闲地吃午饭，每天在傍晚6时左右就离开椭圆形办公室，然后在脚踏车上锻炼一阵子；在星期五下午提前离开白宫，并仍然邀请朋友一起去戴维营进行长跑，而且几乎每周都去一次；在周末，他仍然邀请朋友在白宫参加宴会；晚上则常常留出一些时间看书，并且往往与时事无关，有小说，也有历史。他的这种安然和从容的气质对周围的人和普通民众有着很强烈的暗示作用，让他们感到一切都在控制之中，没有什么能够影响美国的安定与繁荣，也正是有着这种自信和乐观，民众才会继续快乐地购物，经济才会迅速复苏。

可以说，从人际交往的角度来看，布什就是一个很好的情商教程。因为他十分明白人是需要赞美、尊敬和重视的，他总是能够团结许多别人所难以团结的人；尽管他身边的人几乎个个神通广大，但他却有办法让那些人俯首贴耳。所以，即使布什任职内搞出了很多烂摊子，可还有很多人是布什的铁杆粉丝。

奥巴马："穷人代理人"的胜利

在我们这个卑劣虚伪、令人沮丧的时代，奥巴马出色地运用优雅且振奋人心的文字，提出明智的充满人文关怀的解决办法，这确实使人心中充满希望。

——《华盛顿邮报》

在人际关系方面，情商高的人通常能够善解人意，乐群利他，并善于建立和维护双赢的人际关系。对此，奥巴马给我们树立了一个很好的榜样。

很多人谈到奥巴马赢得2008年大选时，总是对他充满无限敬意和称赞。毕竟在此之前，他的声望与希拉里、麦凯恩等人相比，明显不在一个层次上。他们觉得奥巴马实现了一个几乎不可能实现的梦想。于是，他们总是仰头注视着这个瞬间崛起的黑人领袖，想从他的每一句话和每一个表情中探究出成功的终极秘诀。

其实，他以非洲裔和政坛新秀的身份，能够从多位政坛老将的包围中杀出来，或许可以说是得益于改变的理念，或许可以说是得益于布什政府糟糕政绩的映衬，又或许可以说是得益于金融危机爆发所导致的民众对共和党人极度失望，但更可能是得益于他独特的政治之路——"穷人代理人"之路。

在通往白宫的路上，奥巴马与竞争对手最大的不同，除了他的身份，最重要的就是政策制定上的具体条款。奥巴马一上台就打起"民生牌"，他把自己定位为最需要维护的"兄弟姐妹的守护神"。在他眼里，穷困的人永远最重要，他们是这个国家的中坚与支柱，有些甚至代表了国家的历史和将来。所以，无论到了什么时候，奥巴马总会明确表示，低收入水平的人才是自己最需要关照的人。

不过，这并非只是奥巴马为大选造势而采取的策略，其实一直以来，他也身体力行地在实现着自己的承诺。

大学毕业后，奥巴马曾有两年时间就职于高薪的华尔街咨询公司，那时，他是一个标准意义上的资本主义精英，但令人意外的是，他迅速放弃了这条人生道路，选择了服务公众的人生规划，只身投入到芝加哥贫民社区，每天与最贫穷的黑人打交道，了解他们的疾苦，解决他们的疑难问题。在这里，奥巴马学会了倾听，变得亲民，与穷人产生了深刻的感情，下定决心要为他们“出头”，逐渐由一个不谙世事的大学生成长为责任重大的社会工作者。尽管年薪不高，但奥巴马始终认为这是他“曾受到的最好训练”，他后来还把这段时间定性为一种“寻根式”的精神觉醒。而这里的人们也不再把他当一个毛头小子看，而是真正把他当知心人倾诉衷肠。越来越多的人喜欢他，接受他。提起奥巴马，人们会不约而同地说：“哦，他是个不错的小伙子。”

3年社区工作者的经历让奥巴马决心要从事公共事业，为下层民众争取权益。在这种信念的驱使下，1988年，奥巴马进入了哈佛大学法学院学习，并于1991年获得法学博士学位。而且就读期间，他还成为了《哈佛法律评论》月刊首位黑人社长。这个位置通常被视为法律专业学生毕业后进入美国最高法院当法官秘书、进而步步高升的敲门砖，但奥巴马毕业后，却选择了回到芝加哥专门从事民权诉讼，开始了多年的“穷人代理人”生涯。

当了多年“穷人的代理人”，奥巴马积攒起雄厚的民意资本，成功地树立起清廉、为百姓着想的形象。他对政治家们老是把注意力放在富人和有权有势的人身上深为不满，他认为政府的一个重要角色是向所有国民开放。在奥巴马和其他人士的推动下，从1999年开始，芝加哥市政府推出了一个为期十五年的改建计划，拆除南部黑人区的旧房子，重建高标准公寓，吸引中产阶级回归，形成各级收入家庭都有的新社区。事实也证明，奥巴马复兴社区的能力是他后来竞选的主要号召力，也是许多选民信任这位47岁年轻候选人的依据之一。

之后，奥巴马选择从政，连任3届伊利诺伊州州参议员。在竞选参议员时，奥巴马也一直不忘自己“穷人代理人”的身份，他曾驱车走访了伊利诺伊州几乎所有的县城。他在书里回忆起这段让他受益匪浅的旅程时这样写道：“社区中心、俱乐部、教堂、工会大楼、汽车旅店、美容店，甚至于私人家庭的用餐室，几乎所有能去的地方我都去了；我尽量不说话，只用心倾听他们的心声，尽管有时候能抽空前来见我的只有令人尴尬的一、两个人；不管对方是喜欢听拉什·林堡（美国著名保守派清谈节目主持人），还是听美国全国公共电台（NPR，自由派舆论重镇），也不管对方是痛恨布什者，还是对民主党感到愤怒者，我都会认真地听取他们的意见。”他如此的表现，正是他高情商的体现。

复杂坎坷的成长经历，让奥巴马特别关注美国社会底层的生存状态，他在演讲中也多次提到了这一群体的故事，以及为使他们生活得更美好而做出的努力和决心。他说他们可能生活得异常艰难，似乎没有希望，但是努力改变就会发展得更好，他有信心让贫困的人过上美好的生活。代表全美180万工人利益的工会组织“劳工服务国际工会”领导人在接受记者采访时分析道：“奥巴马拥有许多独有的‘财富’。他了解工人们每天的生活，比其他政治家更愿意慎重思考该如何帮助他们解决各种困难。”

而在服务社区和做“穷人代理人”的这段生涯中，奥巴马也培养出自然而然的亲民思维。选战策略家就曾指出，奥巴马形象清新，是民主党近年来少见的“人气王”，“他很容易就能跨越鸿沟，人们喜欢亲近他，都想和他在一起”。再加上他雄辩的口才，灿烂的笑容，奥巴马俘获了众多美国人的心，获得了包括年轻人、少数族裔、底层平民和自由派的很多人的支持。事实上，蓝领阶层和社会底层选民也确实成了决定2008年美国大选最重要的社会力量，在穷人中，奥巴马的支持率是麦凯恩的两倍。让许多穷人充满认同感的是，奥巴马不仅少年贫寒，即便是在国会中，他也是所有参议员中最穷的，并且是唯一需要自己报税的参议员。2004年，为了获得竞选国会参议员的经费，奥巴马一家甚至把公寓拿出去抵押了。

抛开时势，单从奥巴马自身上看，他的胜利，不能不说是情商的胜利。他的勇于更新自我的态度，他的“穷人代理人”的形象，他的乐观从容的姿态，对中下阶层和青年人，都有着天然的感染力和号召力，这是情商的力量。

比尔·盖茨：左手智商，右手情商

永远不要靠自己一个人花100%的力量，而要靠100个人花每个人1%的力量。

——比尔·盖茨

智商和情商既不是对立的，也不是相反的。单方面夸大智商，或者单方面夸大情商，都是错误的。一个人情商高，他目标远大、人际关系好、善于合作、心情舒畅，这个结果对开发智商有促进作用。一个人智商高，他知识广、受人尊敬、能很好地控制自己的情绪、能处理好人际关系的情感分寸，对开发情商潜能也是大有益处的。比尔·盖茨就是一位智商和情商相结合的天才。

作为智商天才，比尔·盖茨在六年级时还是个整日让父母发愁的、“倔强的、性格爱好都有点怪异的”孩子，比如盖茨可以整日躲在底层他的卧室不出来。母亲拿起电话问他：“你在做什么？”“我要思考！”他在电话里大喊。“你在思考？”“是的，我在思考！”他厉声说，“你从来没有试着思考过吗？”升入湖畔中学后，比尔·盖茨的智商渐渐显露出来：刚刚入学，他就与同伴艾伦一起迷上了一台笨拙的计算机终端机，并且在八年级时，盖茨就写出了他的第一个软件程序，虽然目的仅仅是为了玩三连棋。在16岁上高中时，已有意识地创办了名为“交通数据”的公司，那是他和艾伦花了360美元买来一块INTE18008芯片，并用这块小芯片启动一台机器来分析城市道路交通监视信息的。在计算机方面显示的才干无疑使盖茨脱胎换骨。十年级时，他和艾伦一起建立了“湖畔编程小组”，为当地公司开发软件。后来，盖茨上了哈佛大学，但20岁那年他果断地辍学了，他和艾伦在1975年树起了微软的大旗，并且仅仅用20年就成了世界的头号富翁。而且，他所发动的知识革命改变了人类的生活方式、生产方式乃至思维方式，从而使人类的文明史得到重大发展。甚至很多人将盖茨这个名字和牛顿、瓦特、爱因斯坦排在一起。

如果说比尔·盖茨的成功源于他杰出的智商，实在无可厚非，因为他加工提炼信息的能力实在惊人，也许他的思维是数字化的：没有脆弱的感情，没有含混的模拟状态，只有智能，只有数十亿的二进位脉冲，冷静地将输入转化成正确的答案。但如果说他的成功只是凭借智商，那就大错特错了，高情商对他的成功同样至关重要。

作为情商天才，比尔·盖茨凭借自己的人格魅力，将无数优秀的设计者和推广者吸引到公司，并且大家团结一心。正如他自己在采访中所说：“因为有更多的成功人士为我工作。在我的事业里，我最好的经营决策是必须挑选好人才，拥有一个完全信任的人，一个可以委以重任的人，一个为你分担忧愁的人。”他的识人之能就是高情商的表现。

他非常懂得人才的重要性，他重视人的作用。当被问起“如果你离开你现在的微软公司，能否再造一个微软公司”时，比尔·盖茨毫不犹豫地说：“能，但是有一个条件，我要带走我们公司一百个人。”他没有说要带走厂房，要带走机器，要带走设备，只说要带走人。可见他重视人的作用，这就是高情商。

不仅如此，比尔·盖茨的高情商在其经营管理中更是必不可少的。他认为企业不仅需要汇聚人气，而且还要把人力资源的效益发挥到最大。在微软，人们看不到不努力的人。到晚上八九点钟的时候，却往往是办公室的人最多最繁忙的时候。销售人员白天拜访客户，晚上回来赶写报告，还有一些部门开会、听总结也在办公室里进行。或许你觉得这样的管理不近人情，但你要知道，在微软没有一个经理要求员工加班，全是因为员工自身有激情，能从工作中得到无穷乐趣，又希望工作能够做到完美的状态，所以会自己选择刻苦工作。这无疑是与比尔·盖茨的领袖魅力分不开的，他可以最大限度地挖掘员工地激情和潜力，使员工怀着感激的心为企业创造无限的价值。

当微软聚集了更多的优秀人才时，合作仍然是一个永恒的话题。情商天才比尔·盖茨认识到：等级隔阂是人与人之间关系难以融洽的一大原因，因此，他在内部人员关系的处理上采用人性化管理，特别是其中无等级的安排让许多其他公司的员工欣赏，也为提高微软员工的合作精神和合作能力打下了基础。另外，微软的制度也对员工的合作能力大有帮助。在微软，每个新员工一进公司都会拜师傅，新员工在老员工的带领下，会最快地熟悉企业文化，掌握全新的业务，与师傅沟通，向师傅学习，是最有效的融入企业的方式之一。在美国，微软员工是由经理来指定师傅的；在中国，在微软全球技术中心，则更进了一层，是由员工来选师傅。员工可以通过公司内部网站上的相关介绍，找到和自己投缘的师傅。

当然，在管理中，比尔·盖茨还具备外向开朗，行动积极乐观，做事轻松活泼等优点，从不自我设定障碍、悲观保守、优柔寡断，这些创业者素质，与盖茨创业时积极的心态融合在一起，产生了巨大的“黑洞”效应，将无数的优秀人才笼络到了身边，共同为微软霸业增砖添瓦。

因此，想成大事者，在才智过人的同时，砺炼情智显得非常重要。当智商和情商真正成为你的左右手时，你才能顺应时代和潮流，成为有用之才，成为时代的佼佼者。

附录

情绪究竟有多少种状态

情绪究竟有多少种状态?

我们引用詹姆士的一句话来回答:“有多少词描述情绪就有多少种情绪。”

其实,情绪究竟有多少种状态,至今仍无人能说得清。但根据情绪发生的强度、速度、紧张度、持续度等,我们可以将人的情绪分为心境、激情、应激三种不同的状态。

心境—— 一种比较微弱而持久的情绪状态

起因:引起心境的原因是多方面的,如工作的失败、人际关系变化、生活的起伏、个人的健康以及自然环境的变化、对过去生活的回忆等。

特点:一是持续时间长。一般来说,心境会持续几个小时、几周、几个月甚至更长时间。持续时间的长短主要是取决于心境的各种刺激的特点与每个人的个性差异。例如亲人去世,往往会使人处于较长时间的郁闷心境。而抑郁质的人会助长这种郁闷的心境,胆汁质的人则可能会缩短或减缓这种心境。

二是弥漫性。一种心境的出现,往往影响着人的整个精神状态,并且在一段时间内,使周围的事物染上同样的情绪色彩。所谓“忧者见之则忧,喜者见之则喜”。例如,喜悦的心情往往会使人感到心情舒畅,万事如意,办任何事情都顺利。而悲伤心情则会使人感到凡事枯燥乏味，悲凉忧伤。

影响：心境对人的工作、生活、学习以及健康都有很大影响。积极、良好的心境会使人振奋、提高效率、有益于健康。而消极、不良的心境会使人颓丧、降低活动效率、有损健康。

激情——一种迅速强烈地爆发而时间短暂的情绪状态

起因：激情的起因主要是生活中具有重要意义的事件。如考上大学、找到满意的工作等；出乎意料之外的突发事件也会引起激情，如多年失去音讯的亲人突然归来，常会欣喜若狂；此外，违背个体意愿的事件也会引起激情。

特点：激情它具有爆发性和冲动性，同时伴随有明显的生理变化和行为表现。当激情到来的时候，大量心理能量在短时间内积聚而出如疾风骤雨，使得当事人失去了对自己行为的控制力。例如，人们在生活中的狂喜、狂怒、大悲、大惧都是激情的表现。

影响：激情也有积极与消极之分，积极的激情合成为激发人正确行动的巨大动力。例如，运动员在报效祖国和实现自我的激情感染下敢于拼搏，勇夺金牌；而消极的激情常常对机体活动具有抑制的作用，或者引起过分的冲动，作出不适当的行为。例如，一些青少年犯罪，就是在激情的控制下一时冲动，酿成大错。此外，激情有时还会引起强烈的生理变化，在激情爆发时，常常会伴有明显的外部表现，如咬牙切齿、面红耳赤、顿足捶胸、拍案叫骂等。有时候会出现痉挛性的动作或者言语混乱，甚至休克。所以，在生活中应该适当地控制激情，多发挥其积极作用。

应激——在出乎意料的情况下所引起的情绪状态

起因：应激状态多发生在突然发生火灾、水灾、地震等自然灾害时。

特点：不同的人在应激状态时的表现，可能会有很大差异：一种是情急生智，沉着镇定；另一种是手足无措，呆若木鸡。有些人甚至会发生临时性的休克等症状。这两种截然不同的行为表现，既同个人的能力和素质有关，也同平时的训练和经验积累有关。如果接受过防火演习和救生训练，遇到类似的突发事故，也能正确、及时地逃生和救人。

影响：应激状态中，人会在刹那间处于高度紧张状态之中。因此，会引起机体一系列的明显的生理变化。比如心跳、血压、呼吸、腺体活动以及紧张度等都会发生变化。如果是过度地或者长期地处于应激状态之中，会过多地消耗掉身体的能量，以致引起疾病和导致死亡。但如果只是适当的应激状态，则会使人处于警觉状态之中，并通过神经内分泌系统的调节，使内脏器官、肌肉、骨骼系统的生理、生化过程加强，并促使机体能量的释放，提高活动效能。